주거공간디자인의 이론과 실제

주거공간디자인의 이론과 실제

한영호 · 이진영

기 문 당

preface

주거공간은 생활기기, 가구, 실내장비를 포함한 물리적 의미의 주택과 이러한 주택 내에서 행해지는 취침, 취미활동 등의 개인생활과 가족들과의 공동체 생활을 영위하는 장소를 의미한다. 과거와는 달리 오늘날의 주거공간은 단지 남에게 보이는 것만을 목표로 하지 않는다. 이것은 일상에서 사용되는 공간을 말하기 때문에 주거공간을 디자인하는데 있어서 실용성과 효율성은 절대적 요건이며, 이 공간을 사용하는 거주자의 목표와 가치관 등이 공간에 솔직하게 표현되어야 한다. 따라서 최근에는 전문가에게 의뢰하지 않고 거주자의 특성을 분명히 반영하는 주거공간을 거주자 자신이 직접 표현하려는 욕구가 점점 확대되어 가는 추세이다. 「주거공간 디자인의 이론과 실제」는 이러한 시대적 요구에 맞추어 실내디자인 관련 전문가 및 종사자는 물론 새 집을 장만하여 디자인하거나 낡은 집을 새롭게 리모델링하는 것에 관심이 많은 모든 일반인들을 대상으로 보다 폭 넓은 아이디어와 힌트, 제안과 해결책 등을 제공하여 독자들의 디자인에 직접 적용해 볼 수 있도록 구성하였다.

디자인이 잘 된 주거공간은 단순히 최신의 실내디자인 경향을 따르는 것만이 아니라, 사용자의 성격과 관심, 기호를 반영하고, 추억과 경험을 조성할 수 있는 것이며, 시간의 변화에 따라 요구되는 것들을 유연하게 대처할 수 있거나 발전, 성장 가능하도록 해야 하는 것을 말한다.

「주거공간 디자인의 이론과 실제」는 실내디자인의 이해, 주거공간 디자인의 원리, 주거공간 디자인의 실제, 주거공간의 구성요소와 재료, 주거공간의 조명과 색채 등, 실질적으로 디자인의 전개단계에서 필요한 이론과 적용 사례를 담고 있으며, 더불어 전통적인 것에서부터 최신의 것에 이르는 국제적 경향과 디자인에 영감을 줄 수 있는 많은 사례들을 보여 준다.

또한 공간배치의 기본 요건과 의도 및 레이아웃, 재료, 색채, 스타일, 가구, 액세서리, 조명 등을 포함하고 있으며, 각 장마다 체크포인트와 도움이 되는 디자인 힌트를 마련하여 독자들이 보다 쉽게 이해할 수 있도록 기술하였다.

끝으로 내용상 미비한 점이 있으리라 생각되나 앞으로 꾸준히 수정 · 보완해 나갈 것을 약속하며, 이 책의 출간을 위해 여러모로 도움을 주신 많은 분들께 감사드리고, 특히 편집부터 출간에 이르기까지 수고를 해 주신 기문당 직원 여러분께 깊은 감사의 뜻을 표한다.

2009. 2

저 자

contents

chapter 1.
실내디자인의 이해

chapter 2.
주거공간 디자인의 원리

chapter 3.

주거공간 디자인의 실제

chapter 4.

주거공간의 구성요소와 재료

chapter 5.

주거공간의 조명

chapter 6.

주거공간의 색채

주거공간 디자인의 이론과 실제

chapter 01

실내디자인의 이해

1. 주거공간의 개념 | 1-1 주거공간의 의미 | 1-2 주택의 발달 | 2. 실내디자인의 개념 | 2-1 실내디자인의 의미 | 2-2 실내디자인의 목표 | 3. 주거공간 디자인에 대한 방향 | 3-1 스타일 선택 | 3-2 리모델링 | 3-3 새로운 공간 만들기

실내디자인의 이해

chapter 01

1. 주거공간의 개념

1.1 주거공간의 의미

과거에는 주택이 거주자의 사회적 지위나 신분을 나타내는 중요한 수단이었으나, 오늘날에는 이러한 상징성보다는 거주자의 다양한 욕구를 표현하는 수단으로서의 역할이 강조되고 있다.

주거공간의 개념을 이해하기 위해서는 먼저 주택住宅과 주거住居가 어떻게 다른지를 이해해야 한다.

주택은 물리적인 건축물 자체를 의미하고, 주거는 사람이 생활을 영위하는 장소라고 할 수 있다. 즉 주거공간의 개념은 생활기기, 가구, 실내 장비를 포함한 물리적 의미의 주택과 이러한 주택 내에서 행해지는 취침, 취미 등의 개인생활과 가족의 식사, 단란 등의 가

주택은 물리적인 건축물 자체를 의미한다.

주거공간은 사람이 생활을 영위하는 장소로 이해할 수 있다.

족 공동체생활을 하는 공간을 의미한다. 그러므로 주거공간은 물리적 요건인 주택과 거주자의 생활행위 간에 조화가 잘 이루어질 수 있도록 디자인되어야 한다.

1.2 주택의 발달

석기시대 이전의 인류는 자연의 여러 가지 위협으로부터 몸을 보호하기 위해 스스로 동굴을 찾아 거처하였으며, 따라서 그들의 유일한 주거공간은 동굴이었다. 인류는 이러한 초기의 자연적인 주거에서 후기 구석기시대에 이르게 된다.

이 시대에는 오늘날 우리가 사용하는 텐트와 비슷한 텐트식 주거 또는 움집형태의 주거가 그들의 거처로서 존재했었다. 움집형태는 땅을 판 후 기둥을 세우고, 여기에 지면에서부터 서까래를 걸치고, 풀과 흙으로 지붕을 얹은 것이다. 이러한 주거형식은 원시시대를 지난 현대에까지도 미개한 지방에서 사용되고 있다.

이 외에도 이와 비슷한 여러 주거형태가 있다. 수상주거樹上住居가 그 것이며, 호상주거湖上注居 또한 이러한 주거가 발달된 것이다. 이러한 원시시대의 주거는 인류의 지적 발달과 함께 점차 변천하기 시작하였다.

고대사회에 들어서면서 이집트와 같이 흙으로 벽을 쌓고, 지붕을 얹은 본격적인 주택형식이 나타나게 되었다. 그리스의 주택은 가운데 중정을 두고 사방이 방으로 둘러싸인 형태였다.

자연의 위협으로부터 자신을 보호하려는 단순한 피난처로서의 주택의 의미는 이때부터 조금씩 변모해가기 시작하였다. 원시시대를 지나 중세의 봉건적 토지지배시대에 들어오면서 봉건제후들은 그들의 영지 관리만을 중요시하고 주거의 안락은 도외시하였다. 이로인해 넓은 집회실, 창고 등을 두게 되었으며, 이러한 피지배계급을 다스리고 지배하기 위한 주거형식은 적으로부터 방어를 목적으로 하는 주거형식으로 변천되었다. 반면 피지배계급은 그들의 생활만을 영위하기 위한 주거, 즉 식사와 취침을 위주로 한 주거생활을 영위하게 되었다.

중세 후기에 들어와서 도시의 주택은 상업을 위주로 하여 상점과 주거가 복합된 주택에서 거주하게 되었고, 근대에 들어와서는 시민계급의 대두와 자본주의의 탄생으로 부富에 대한 강렬한 욕구를 상징하는 접객공간을 주거공간에 두게 되었다.

이렇게 원시사회로부터 근대사회를 거쳐 변화되고 발전된 주거는 현대에 이르면서 새로운 의미를 낳게 되었다. 프랑스의 건축가 르 코르뷔지에는 "주택은 생활하는 기계다."라고 정의하였는데, 이 말은 주택이 생활하는 용기容器임을 뜻한다. 이렇듯 현대주택은 가족 본위의 생활과 소가족 본위의 생활을 중심으로 나아가게 되었다.

현대주택은 다음의 욕구를 충족시키기 위한 기능을 수반한다. 일차적으로 가족의 레크리에이션, 휴식, 수면, 배설, 영양섭취, 생식의 신체적 욕구와 이차적으로는 사교, 유희, 공부 등 정신적 욕구 충족을 만족시키기 위한 공간을 제공하는 것이다.

2. 실내디자인의 개념

2.1 실내디자인의 의미

실내디자인은 건축디자인과 상호 대립 · 보완의 개념으로 볼 수 있다. 형태적으로는 건축물의 기본 구성요소인 바닥, 벽, 천장에 둘러싸여 수직 · 수평적으로 하드Hard한 외부공간과 소프트soft한 내부공간으로 구분하는데, 이 내부공간에 대한 계획, 설계를 실내디자인이라고 한다. 즉 건축물의 내부공간을 공간의 용도와 인간의 생활목적에 따라 기능적, 정서적으로 충족이 되도록 안전하고 편리하며, 쾌적하게 함으로써 보다 능률적인 공간이 되도록 계획 · 설계하는 작업이다.

주거공간에 있어서 실내디자인이란 거주자가 편리하고, 안락하며, 쾌적하게 생활할 수 있도록 개성 있고 아름다운 실내공간을 창조하는 활동을 말한다. 다시 말하면 거주자의 다양한 요구와 기호를 충족시키고 동시에 개별공간에서 요구되는 기능과 추구하는 목표를 달성할 수 있는 실내환경을 창조하는 것이다.

2.2 실내디자인의 목표

실내디자인은 쾌적한 환경조성을 통한 능률적인 공간조성, 즉 쾌적성과 능률성을 가장 중요한 목표로 한다. 미적인 문제만 다루는 순수예술과는 달리 인간생활과 밀접한 관계를 갖기 때문에 기능성, 창의성, 경제성, 실용성, 가변성과 더불어 예술성 등을 고려하여 주어진 여건하에 사용자에게 가장 바람직한 생활공간이 되도록 디자인해야 한다.

주거공간을 위한 궁극적인 디자인 목표로는 합목적성, 경제성, 심미성, 그리고 독창성이다. 이 네 가지 목표의 달성 정도에 따라 주거공간 디자인이 평가된다.

— 합목적성

디자인은 항상 실용적인 목적을 가진다. 포스터는 커뮤니케이션을 위해, 의자는 앉기 위해 사용되는 것처럼, 주거공간은 인간의 생활을 영위하기 위한 다양한 요구를 충족시키기 위해 존재한다. 아무리 독창적이고 아름다운 공간일지라도 활동하기에 불편하거나 쉽게 피로가 느껴진다면 그 공간의 가치는 저하된다. 따라서 주거공간을 디자인하기 위해서는 공간이 거주자의 생활목적과 용도에 따라 구역화zoning되고, 그 공간의 목적에 맞는 기능을 제대로 수행할 수 있도록 계획해야 한다.

주거공간의 경우 공동공간, 개인공간, 작업공간, 위생공간, 그리고 연결공간으로 구성되는데, 각 공간별로 그 목적이 각기 다르다. 공동공간은 주로 거실 및 식당을 말하는데 거주구성원간의 상호작용과 사회적 행동이 잘 이루어지도록 하고, 침실이 대표적인 개인공간은 무엇보다 개인적인 프라이버시가 지켜지도록 해야 한다. 부엌을 포함한 작업공간은 노동력과 동선이 단축될 수 있도록 해야 하며, 화장실이나 욕실과 같은 위생공간은 생리적인 욕구 해결뿐만 아니라 심신의 피로를 풀 수 있는 휴식의 공간이 될 수 있도록 해야 한다. 현관과 복도, 그리고 계단을 일컫는 연결공간은 전체 주거공간의 이미지와 생활의 필요성에 따라 옥외와 실내, 그리고 공간과 공간들이 자연스럽게 이어질 수 있도록 설계되어야 한다. 더불어 각 공간과 가구는 인체공학을 기초로 치수가 정해지고 배치되어야 하며, 조명과 색채, 냉 · 난방, 환기와 통풍을 위한 제반 시설이 적절히 갖추어져야만 공간의 목적에 맞는 기능을 보다 효율적으로 수행할 수 있다.

— 경제성

'최소한의 비용으로 최대의 효과'라는 경제원칙은 디자인에도 적용된다. 디자인의 경제성이란 최소한의 자원으로 최대의 것을 얻고, 최소한의 비용과 노력으로 최대의 결과를 얻으며, 주어진 상황에서 최선의 것을 얻는 능력을 말한다.

주거공간에서는 경제성을 위해 인적 자원, 물적 자원, 자연환경 자원, 모두를 고려해야 하는데, 인적 자원을 위해서는 공간 사용과 유지관리에 있어 에너지와 시간을 최소화할 수 있도록 계획해야 하며, 물적 자원의 경제적인 측면은 기존의 시설을 재활용하거나 공간을 최대로 활용하여 비용을 절감할 수 있도록 한다. 실내공간에 사용되는 재료를 선택할 때에도 재료 자체의 가격과 설치비용뿐만 아니라 재료의 수명과 유지관리에 드는 시간과 비용을 함께 고려하여 계획하도록 한다.

— 심미성

심미성은 아름다움을 줄 수 있는 디자인의 목적 중 하나로 실내디자인에서는 쾌적함과 편리함도 함께 포함된다.

미적 기준은 시대에 따라 변화하는데, 지역적, 민족적, 집단적, 그리고 개인의 미의식에 따라서 많은 차이가 있다. 주거공간 디자인에 있어서는 무엇보다도 그 공간에서 생활하는 거주자의 다양한 요구와 기호를 중심으로 거주자가 미적인 만족감을 얻을 수 있도록 계획하며, 생리적 · 심리적 욕구 및 공간의 용도도 함께 고려하여 쾌적함과 편안함을 제공받을 수 있도록 한다.

— 독창성

주거공간에서는 특히 거주자 자신만이 가지고 있는 특성이 표현되어야 한다. 남의 것을 분별 없이 모방하거나 유행만을 따르는 공간은 겉으로는 아름다워 보일지 모르지만 실제 사용자인 거주자를 위한 독창적인 공간은 될 수 없다. 하지만 이러한 독창성을 너무 강조한 나머지 신기한 것으로 사람들을 놀라게 하는 등의 엉뚱한 디자인도 바람직하다고 볼 수는 없다. 따라서 좋은 주거공간 디자인은 거주자들로부터는 호감을 갖게 하며, 그 곳을 방문하는 사람들에게도 환영받는 느낌을 제공할 수 있는 것이어야 한다.

3. 주거공간 디자인에 대한 방향

3.1 스타일 선택

주거공간을 위한 스타일의 선택은 다른 공간에 비해 약간 개인적이라고 할 수 있다. 이것을 실천할 수 있는 가장 쉬운 방법으로는 텔레비전 프로그램이나 디자인 관련 잡지로부터 인상적인 것들을 수집하는 것인데, 그것은 다른 사람의 스타일이고 다른 사람의 특성을 반영한 자료들이라는 것을 인식하고 있어야 한다. 만약 그것을 그대로 모방하는 경우 거주자가 누구라는 것이 공간에 반영되지 않은 결과를 초래할 수 있다. 이것은 수집한 정보들을 무시해야 한다는 것을 의미하는 것이 아니라 디자인 계획에 앞서 유연성을 가지고 출발해야 함

주거공간은 거주자의 기호와 특성을 반영해야 한다.
그림이나 책들, 그 외 수집품의 진열은 장식적인 효과뿐만 아니라 거주자의 취미를 나타내기도 한다.

자연광과 인공광의 결합은 공간에 많은 특징을 부여한다. 전반조명은 필수적이며 유용하지만 국부조명은 구체적인 필수요건을 해결하며, 방안에 따뜻한 느낌을 더한다.

실내는 디자인 방법뿐만 아니라, 공간의 분위기와 스타일에 매우 중요한 요소인 조명에 따라서도 달라진다. 특수조명은 이 공간만이 가질 수 있는 스타일을 창출할 수 있다.

을 말하는 것이다. 스타일을 선택할 때에는 공간 자체와 더불어 공간에 제공될 수 있는 요건들을 신중히 검토해야 한다.

건물의 건축적 가치 역시 고려되어야 할 대상 중 하나라고 할 수 있다. 건물이 건축적인 재미가 있다면 이 점을 강조할 필요성이 있다. 반면 건물이 단조롭고 지루해 보인다면, 이것을 단순히 배경으로 처리해야 한다. 디자인 계획시 무엇을 그대로 유지하고, 무엇을 멀리 해야 하는지를 결정하기 전에 항상 일관성을 유지하면서 가능한 요소와 공간에 대해서 냉정하게 생각하는 것이 좋다. 때로는 출발점이 조상이나 친척으로부터 물려받은 어떤 고풍스러운 가구나 아치형 창과 같은 특별한 형태가 될 수도 있다. 이러한 경우에는 이것의 이미지를 느낄 수 있도록 하는 요소들이나 이 요소들과 잘 조화될 수 있는 분위기로 디자인하는 것이 최상이다. 여기에 첨가되는 다른 요소들은 이미 놓여 있었던 것들의 톤과 잘 어울릴 수 있는 것이어야 한다. 물건들을 배치하는 레이아웃 단계가 끝나면 비로소 스타일 단계로 나갈 수 있다.

사실, TV나 서적 혹은 잡지들은 디자인의 영감을 주는 가장 중요한 원천들이며, 다른 나라 문화들로부터도 새롭고 풍부한 아이디어를 제공받을 수 있다. 서양, 아프리카, 인도의 문화에서 영감을 받은 스타일을 창출할 수도 있으나 주거공간 안에서는 거주자들 자신을 반영해 주는 요소가 있어야 함을 잊지 말아야 한다.(그렇지 않으면, 거주자들은 자신의 가정 안에서 생활하고 있다는 느낌보다는 박물관이나 갤러리 분위기가 드는 곳에서 생활한다고 느낄 수도 있을 것이다)

다음으로 재료와 요소의 견본을 수집하는 단계는 적합한 스타일을 갖도록 하는데 도움을 줄 수 있다. 사진, 재료, 화초, 직물, 색상 등의 요소들을 보다 많이 수집하는 것이 보다 좋은 결과를 만들 수 있다. 이렇게 충분한 분량의 요소들을 갖추었다면, 디자인의 목적에 적합하지 않거나 쓸모 없는 것을 없애고 거르는 일을 시작해야 한다. 그러면 디자인되는 공간 처리에 기초가 되는 재료나 물건의 배치가 남게 된다. 이렇게 정보가 수집되면 디자인 작업에 본격적으로 착수할 수 있다.

디자이너는 창출하려는 분위기를 위해 많은 특성을 부여할 수 있는 매우 강력한 원천 자료들을 잊지 말아야 한다. 조명은 선택된 스타일에 따라 결정되는데, 서양의 18세기나 19세기의 시대적 느낌이 느껴지는 공간을 원한다면, 부드러운 조명을 구해 사용해야 할 것이다. 물론, 플러그나 스위치 또한 같은 분위기가 느껴지는 것을 사용해야 한다. 조명은 많은 특성을 가지고 있으며, 중요한 장식의 요소가 되어가고 있다.(조명만으로도 독특한 실내 분위기를 창출할 수 있다)

3.2 리모델링

만일 우리가 방을 리모델링하기 원한다면, 그 과정은 무無의 공간상태에서 디자인하는 것과는 다를 것이다. 그것은 이미 그 공간에 놓여 있는 대부분의 요소들을 유지해야 함을 뜻한다. 가장 중요한 단계는 공간에서 이러한 요소들을 어떻게 잘 배분시키고 공급하느냐 하는

층계를 개조하는 것은 인접한 방들을 빠르게 변화시키는 디자인 방법 중에 하나이다.

것과 그곳에 적용 가능한 기술들로 디자인을 향상시키는 방향으로 생각하는 것이다. 새로운 요소를 사용하지 않고 공간을 변화시키는 것이 어렵게 생각될 수도 있다. 그러나 가구의 오래된 부분을 다시 칠하여 덮어주거나 사포로 닦아서 정돈하는 등의 저비용이 드는 아이디어들로 공간을 쉽게 디자인할 수 있는 방법들이 있다. 이것은 공간에 충분히 새로운 느낌과 생기를 줄 수 있을 것이다. 또한, 리모델링의 전과정 동안에 원하는 스타일을 명확히 인지하고 유지해야 한다. 그렇지 않으면 나중에 첨가된 다른 요소들이 적절치 못해서 기존의 요소들과 어울리지 못할 수도 있기 때문이다.

더불어 벽지에 의한 벽 색채의 변화, 목재 천장의 설치, 바닥개조 및 카펫 마감 등으로 방이 변화될 수 있는 가능성도 고려해야 한다. 단지 창의 심플한 커튼 하나만으로도 좋은 결과를 줄 수도 있다. 리모델링

천장을 가로지르는 보는 효과적인 디자인을 위한 영감의 중요한 요소가 될 수 있다. 이러한 솔리드 특성들 때문에 천장의 보는 항상 장식되지 않은 간결한 상태로 놓여진다.

을 하는 것은 새로운 것을 디자인하는 것보다 쉽게 접근할 수 있지만, 이용 가능한 방법들을 남용해야 하는 것을 의미하지는 않는다. 페인트칠을 한 후에 니스를 바르는 일은 그리 어렵지 않으나, 목재나 회반죽plaster 등으로 처리된 것들이 모두 성공할 수 있는 것은 아니다. 한 가지 더 고려해야 할 사항은 역으로 작업해야 하도록 만드는 변화들이다. 때로는 작업 후에 가구가 전처럼 복구되기를 바랄 수도 있기 때문이다. 건물이 오래되었거나 독특한 특징이 있는 것이라면 구조가 가지고 있는 본래 요소를 따라 조심스럽게 현대화를 시도해야 한다.

3.3 새로운 공간 만들기

주거공간 디자인 작업을 시작하기 전에 먼저 주택의 방위와 주변경관을 충분히 고려해야 한다. 이 두 가지 외적 요소들은 공간과 공간의 디자인에 기본적인 영향을 준다.

공간에 아름다운 경관을 가진 창이 있다면, 이 창은 가장 중요한 형태적 요소가 될 수 있다. 아침이든 저녁이든, 빛이 동쪽에서 들어오든지 서쪽에서 들어오든지 간에 창의 방향은 빛이 물건과 공간에 어떻게 분포되는지와 공간이 어떠한 분위기로 창출될 수 있는지를 결정한다. 또한 어떻게 색채와 재료가 반응하는지 살펴보아야 한다. 오래된 공간을 디자인하든지 혹은 새 주택의 전체 공간을 디자인하든지 간에 새로운 공간이 창출되는 것이므로 항상 확실한 요소들을 참작하여 스케일에 맞게 실천해 나가도록 해야 한다. 사용될 재료와 색채의 커다란 샘플들은 자연광과 인공광에서 물건이 어떻게 보일지를 예측해 볼 수 있는 좋은 요소들이다. 색채와 재료가 빛에 반응하는 방법을 테스트할 때, 세로줄인 벽마감재와 가로줄인 바닥재의 재료들을 확인해야 한다. 그러나 이 두 평면적인 요소들은 2차원이라는 것을 잊지 말아야 한다. 실제로 공간은 3차원이므로 사용 색채와 재료를 표현한 투시도를 이용하도록 한다. 이것은 최종 결과를 쉽게 예측 가능하게 한다.

새로운 공간을 창출할 때에는 건물의 건축적 요소들에 대한 특성과 제한들을 조언해 주는 전문가가 필요하게 될 것이다. 종종 공간의 잠

건축적으로 무리한 형태를 가진 공간을 작업할 때에는 다른 장식적 형태들을 최소화하도록 한다.

작은 방에서는 쉽게 이동 가능하거나 접힐 수 있는 가구가 매우 유용하다.

재적 문제들로 인해 전문가의 조언을 더 많이 필요로 하게 되거나, 거주자의 요구사항을 축소하게 되는 경우가 있다. 전문가는 어떤 파티션이나 벽이 수정 가능하고 그 작업이 얼마나 소요되는지를 정확히 알려 준다.

주택 전체를 디자인하는 경우라면 모든 공간들을 동시에 생각해서 디자인해야 한다. 때때로 미로같이 복잡하거나, 너무 크거나, 독특한 형태가 있는 미묘한 방들과 직면할 수도 있다. 따라서 이와 밀접하게 연결되도록 하거나 상반되게 하는 변화를 취함으로써 얻어지거나 잃을 수 있는 것에 대한 목록을 미리 만들도록 한다.

좁은 면적의 공간을 위한 최선의 해결방법은 최소한의 필수 가구와 장식을 유지하도록 하는 것이다. 공간의 요건과 그 공간을 사용하게 될 사용자의 리스트를 이용하여 동질의 요소들이 약간 더 커 보이는 적당한 크기의 방을 만들 수 있게 한다. 그러나 문제가 예측되는 좁은 공간뿐만 아니라 넓은 공간들 또한 문제가 될 수 있다. 또 공간에 매우 감각적인 색채와 재료를 사용할 수도 있지만 수집한 물건들을 늘어놓는 방법은 피해야 한다. 이런 경우에는 한 공간에서 두 가지의

가구와 소품은 공간의 구성요소 중 하나이다. 공간이 그 목적을 잘 수행하는 방법은 벽, 바닥과 천장 안에서 이 요소들을 적절히 분배하는 것이다.

분위기를 만드는 것이 해결방법 중의 하나이다. 예를 들어 리빙다이닝룸은 독서나 학습 혹은 다른 활동을 위한 거실의 제2영역을 위해 공간 한쪽으로 배치할 수 있으며, 이 아늑한 분위기로 인해 공간이 완전히 다르게 보일 수 있다. 방이 직각이 아닌 각들과 갖가지 모양의 구석으로 이루어진 불규칙한 모양일 때의 첫 번째 작업은 공간에 통일성을 주어야 하는 것이다. 이러한 구석에 맞는 기존의 제품이 없기 때문에 공간이 낭비되기 쉽지만, 맞춤형 가구는 이러한 문제를 해결하며, 정돈된 모습을 보여준다. 계획적으로 처리된 커튼 또한 중심을 벗어난 구석진 곳의 창을 가릴 수 있다. 만일 어떤 요소들이 기둥처럼 없앨 수 없거나 감출 수 없다면, 그 상태를 먼저 분석한 후, 이러한 요소들의 존재를 축소시킬지 아니면 주의를 끌 수 있는 형태로 전환하여 눈에 띄게 할지를 결정해야 한다.

방이 어떻게 기능을 수행할 수 있는지에 대한 보다 명확한 컨셉을 갖기 위해 가구, 마감재, 방의 제한적 요소들에 따라서 요건들을 분류할 수 있다. 공간의 균형과 통일성은 그 공간의 구성요소들과 관련되어 있다.

바닥은 대부분 천장과 같은 표면으로 되어 있음에도 불구하고, 시각적으로 더욱 강한 영향을 주므로 더 많은 주의가 요구된다. 오래된 건축의 천장에 바닥이나 벽과 비슷한 마감을 한 중립적인 효과는 오히려 천장을 높게 보이도록 할 수 있다.

벽은 방에서 시각적 표면 영역의 커다란 비례를 차지하며 그 자체가 장식적인 요소로서 취급될 수 있다. 여기에 벽지, 페인트, 벽토stucco work 작업이나 심지어는 목재 패널도 적용할 수 있다. 그러나 벽을 눈에 띄지 않게 구성하기로 결정했다면 벽들은 자연스럽게 장식되어야 하고 배경으로서 처리될 수 있으며, 특히 가구가 앤틱이거나 관심을 끄는 특징이 있는 것이라면 이 방법은 좋은 선택이 된다.

새로운 공간을 계획할 때는 이용자의 동선에 따라 영역들을 특징지어야 하며, 순환공간에는 어떤 물건이나 가구들이 이용자에게 장애가 되지 않도록 해야 한다.

주거공간 디자인의 이론과 실제

chapter 02

주거공간 디자인의 원리

1. 비례와 스케일 | 1-1 비례 | 1-2 스케일 | 2. 균형 | 2-1 대칭적 균형 | 2-2 비대칭적 균형 | 3. 리듬 | 3-1 반복 | 3-2 점이 | 4. 강조 | 5. 조화 | 5-1 통일성 | 5-2 변화

주거공간 디자인의 원리

chapter 02

디자인의 원리는 디자인의 다양한 구성요소들이 조화를 이루면서 결합할 수 있는 방법과 구성된 다음에 나타나는 결과로 간주될 수 있다. 디자인의 원리는 디자인 요소들과의 관계가 어떻게 왜 우리를 즐겁게 하는지, 또는 불쾌하게 하는지를 설명하는 개념이다.

여기서는 디자인을 창조하고 분석하는데 필요한 7가지 원리, 즉 비례와 스케일, 균형, 리듬, 강조, 그리고 통일성과 변화를 살펴보고자 한다. 이러한 원리는 엄격하게 지켜야 할 규칙은 아니지만 거의 대부분 직관적으로 사용된다.

1. 비례와 스케일

1.1 비례 Proposition

데스틸을 대표하는 네덜란드의 건축가 리트벨트는 슈뢰더 주택에서 비례를 이용하여 아름다움과 기능성을 함께 보여 주었다.(1924년)

비례는 자연의 질서체계에 대응한 인간의 감각으로부터 비롯된 것이다. 아름다움이란 부분과 부분, 부분과 전체 사이의 크기 관계가 이상적일 경우에 나타나며, 비례란 이러한 크기의 관계를 말한다. 음악에서도 다른 두 개 이상의 소리가 동시에 울리는 상태인 화음에서 비례의 원리가 적용된다. 음높이의 비례가 이상적일 때 듣기 좋은 화음이 생성되는 것이다.

주거공간에서도 공간을 구성하는 요소들, 예를 들면 벽과 걸레받이 몰딩, 창문, 가구들이 결합되어서 하나의 공간을 구성한다. 개개의 음표가 조화롭게 구성되었을 때 아름다운 음악이 만들어지듯이 공간의 각 요소들이 서로 조화 있게 구성되었을 때 비로소 아름다움을 느낄 수 있는 것이다.

예를 들어, 벽면에 기대어 커다란 소파를 놓는 경우 그 소파의 윗부분에는 커다란 벽면이 남게 될 것이다. 남은 벽면에 액자를 걸면 그 액자가 너무 크다거나 너무 작다거나 또는 적당하다는 느낌을 받게

그리스의 파르테논 신전도 황금비율을 적용하여 설계되었다.

되는데 이 느낌이 바로 비례에 대한 감각이다. 벽면과 그림 크기와의 비례, 그림과 소파와의 비례, 그리고 그림과 전체 공간과의 비례가 모두 적당할 때 편안한 느낌을 갖게 된다.

벽면과 그림 크기와의 비례, 그림과 소파와의 비례가 모두 적당하여 전체적으로 편안한 느낌을 준다.

고대로부터 인간이 가장 이상적인 비례로 여긴 것은 황금비율이다. 그리스인들은 직사각형의 가로 세로 비율이 1 : 1.618일 경우에 가장 아름다우며 편하게 느껴지는 것을 발견하고 이를 황금비율Golden Section, Golden Proposition이라 지칭하였다. 따라서 그리스의 파르테논 신전도 이 황금비율을 적용하여 설계되었다. 이러한 비례가 아름답게 보이는 이유는 자연물이나 인체의 일부분에서 가장 흔히 발견되는 비례이기 때문이다. 결국 인간은 자연의 일부분이기 때문에 가장 자연적인 것을 가장 아름답게 여긴다는 것을 보여주는 예이다. 오늘날 황금비율이 지니는 의미는 과거에 비해 많이 퇴색했으나 시각적으로 아름다운 공간미를 창조하기 위한 황금비율의 의미는 되새겨 볼 필요가 있다.

1.2 스케일Scale

비례가 형태와 공간의 수학적 관계에 의한 사항이라고 한다면 스케일은 심리적으로 눈에 어떻게 인지되느냐에 관한 것으로서, 주로 크기에 대한 감각을 말한다. 따라서 주변환경에 의해 다르게 나타나기 때문에 일반적으로 주거공간에서는 인체치수, 즉 사람의 신체적 조건과 견주어서 좋고 나쁨이 평가되어진다. 인체공학적 치수감각에 의한 물리적 스케일은 신체적 조건과 밀접한 관련을 갖기 때문에 휴먼스케일이라 부르며, 신체적 조건에 비해 필요 이상으로 크거나 작을 때 휴먼스케일에서 벗어났다는 표현을 사용한다.

스케일에 관하여 생각할 때, 사물의 실제 크기 외에도 기타 요인들을 반드시 고려해야 한다. 예를 들어, 방의 한쪽 벽을 다 차지하고 있는 책장의 크기 자체는 클 수도 있지만 만약 그 책장의 선반들이 책과 다른 물건들, 즉 화분, 조각품, 음향기기 등으로 차 있다면 거기에 놓인 다른 실내장식품들과 잘 어울릴 수 있을 것이다.

2. 균형Balance

균형이란 두 개 이상의 요소 사이에 무게가 어느 한 점에서 동일해질 때를 일컫는 말이다. 그러나 디자인에 있어서의 균형은 실제적인 무게의 균형보다는 시각적으로 느껴지는 균형감을 말한다. 즉 시각적으로 느껴지는 힘의 세기가 서로 동일해져 있는 상태를 뜻하는 것이다. 부분과 부분, 또는 부분과 전체 사이에서 시각적인 힘이 안정되어 있으면 보는 사람에게 안정감과 명쾌한 감정을 줄 수 있다. 이것은 균형이 잡혀 있는 것이 자연스럽게 평형을 유지하고 있기 때문이다. 주거공간의 균형감은 사람 수나 사람의 위치, 그리고 조명에 의해서도 변화하는데, 균형잡힌 주거공간은 그 내용이 조화, 통일, 비례, 대비 등과 관련되어 아름답게 느껴질 수 있다. 인간을 비롯한 자연환경의 모든 형태는 완벽한 균형을 추구하며, 주변환경과의 관계도 균형의 틀을 벗어나서는 성립될 수 없다. 실내디자인에서의 균형은 일반적으로 중심을 축으로 하여 좌우가 거의 같은 형태, 같은 거리, 같은 크기를 바탕으로 이루어지는 대칭적 균형과 좌우 대칭이 아니면서도 균형이 느껴지는 비대칭적 균형으로 분류된다.

2.1 대칭적 균형Symmetrical Balance

사람과 곤충, 동물처럼 좌우의 형, 질, 크기, 색의 요소가 중앙에서 엄밀하게 규제되는 균형은 우리 주변 환경에서 쉽게 볼 수 있다. 이와 같이 중심선이나 축 또는 면에 대하여 그 좌우 부분의 크기나 형태

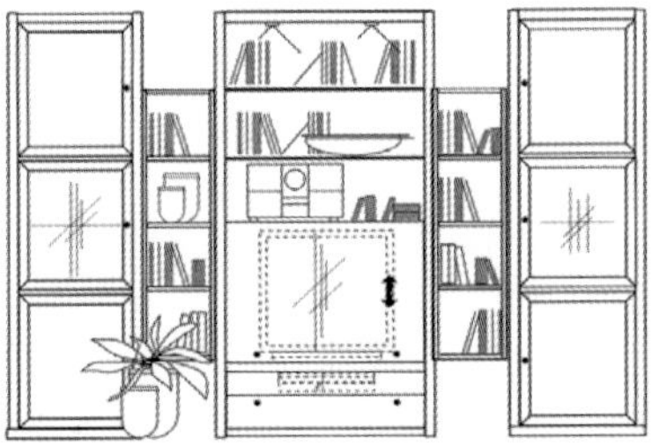

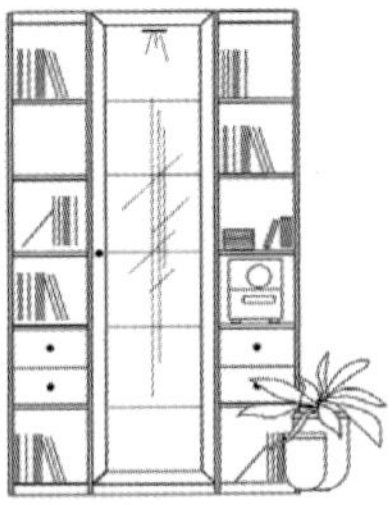

등이 균형을 유지하고 있는 것을 대칭적 균형이라 한다. 이 대칭적 균형은 실내에 단순, 위엄, 엄격, 권위, 존엄, 완벽, 상승, 지적인 감각 등의 이미지를 강조하려고 할 때 이용된다. 그러나 지나친 대칭적 균형은 보수성이 강하고 변화가 거의 없는 단조로운 느낌을 조성할 수 있다.

2.2 비대칭적 균형Asymmetrical Balance

비대칭적 균형은 형태상으로는 불균형이지만 시각적인 힘의 정도에 의해 균형이 이루어진 것을 말한다. 즉 좌우의 형과 색 및 크기가 다르지만 어느 한쪽으로 기울지 않고 마치 모빌처럼 시각적인 안정감

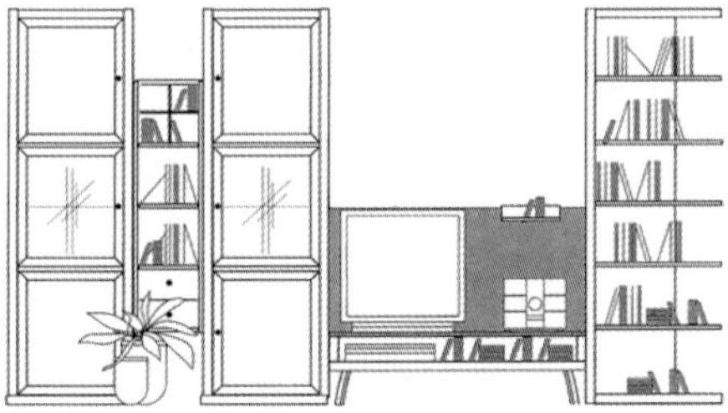

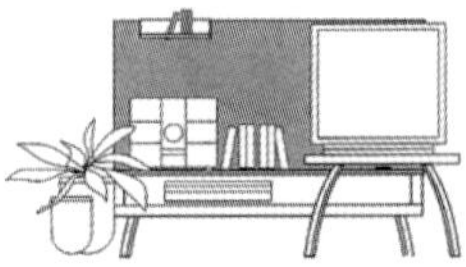

로버트 벤츄리는 자신의 어머니를 위해 설계한 이 주택의 평면과 입면에서, 기본적으로는 대칭의 원리를 적용하면서도 다른 한편으로는 대칭의 단조로움에서 올 수 있는 지루함을 극복하고자 비대칭적 요소를 복합적으로 사용하였다.

을 주는 균형을 뜻하는 것이다. 비대칭적 균형은 양쪽의 서로 다른 구성요소들이 시각적 무게감이 같아 균형을 이루기 때문에 중심에 축이 없고 형태 배열의 가능성에도 제한을 받지 않으면서 보는 이들에게 변화 있는 형태로서 안정감을 줄 뿐만 아니라 실내공간을 훨씬 다양한 느낌과 다이내믹한 생동감이 들도록 만들 수 있다. 그러나 지나친 비대칭적 균형의 사용은 오히려 산만한 분위기를 조성할 우려가 있음을 유의해야 한다.

3. 리듬Rhythm

우리나라 사물놀이의 생명은 무엇보다 리듬에 있다. 강렬한 리듬이 관객을 사로잡는 것처럼 디자인에서의 리듬 역시 아름다운 미를 창

같은 형태로 나열된 의자들은 리듬감을 형성한다.

출하는 도구가 될 수 있다. 리듬의 원리와 주거공간 디자인에서의 적용을 살펴보자.

리듬은 요소의 반복에 의해 형성되므로 반복성과 밀접한 관련이 있으며 규칙적 리듬과 불규칙적 리듬으로 분류할 수 있다. 규칙적 리듬감은 엄정한 질서를 표출하는데 비해 불규칙적 리듬은 변화와 다양성에 따른 낭만적 감정을 표출한다. 공간에서 리듬감을 부여하는 주된 요소는 창문의 나열이나 액자의 배열, 반복적으로 이루어진 패턴 등을 들 수 있다.

음악이나 시에서처럼 디자인에서 이렇게 리듬의 원리를 사용하는 이유는 바로 무질서함을 피하고 전체에 통일감을 부여하기 위함이다.

3.1 반복

실내디자인의 구성요소인 선, 형태, 질감, 패턴, 색채 등을 일정하게 반복하여 사용하면 규칙적인 리듬감이 생긴다. 반복에 의한 리듬감은 벽지나 카펫의 패턴이나 색채, 창문의 형태나 창살의 무늬 등에 많이 사용된다.

그러나 평범한 것을 지나치게 반복하면 지루하고 흥미를 잃기 쉬우므로 강조하고 싶거나 주요 특징이 될 수 있는 형태나 색채 등을 반복하는 것이 효과적이다. 반복에 의한 효과가 너무 적은 경우에는 통일감이 없어 보이고 분산된 느낌을 준다.

3.2 점이

점이는 순차적으로 조금씩 변화해 가는 계층적 반복현상을 말한다. 즉 요소의 증가 또는 감소라는 방향성을 가진 조형적 효과 및 원근감을 나타내는 효과, 그리고 색채, 명암, 크기 등 각 요소 안에서 규칙적으로 점차 변해 가는 연속효과가 있으며, 조형요소의 배열에 따라 운동감을 나타낼 수도 있다. 단순하게 어떤 요소의 크기만을 점진적으로 변화시킬 수도 있고, 공간에 사용된 색채의 명도나 색상에 점이 효과를 주어 리듬감을 부여할 수도 있다.

반복의 원리를 점이와 결합시키면 진취적인 운동감과 역동감을 생성한다.

반복의 원리를 점이와 결합시키면 반복의 지루함과 정적인 분위기를 탈피하여 진취적인 운동감과 역동감이 생겨서 극적인 감흥을 불러일으킬 수 있다.

4. 강조Emphasis

공간을 디자인할 때에는 시각적인 관심을 끌 수 있는 어떤 것을 정해 놓고 그것을 강조함으로써 정돈되고 통일된 분위기를 연출하는 훈련이 필요하다.

오늘날에는 넓고 단순한 벽면에 좋은 그림을 하나 걸어두기, 시원한 크기의 창문을 만들어 전망을 강조하기, 아름다운 수집품을 진열하고 스포트라이트spotlight 비추기 등 강조의 원리를 이용하여 아름다운 공간을 연출하는 예가 많다.

강조는 전체 실내공간의 균형과 리듬이 기초가 되어야 보다 높은 수준의 아름다움이 창조된다. 또 강조를 너무 많이 하면 오히려 그 효과가 떨어질 뿐만 아니라 복잡하고 산만한 분위기가 되므로 가장 관심을 끌 수 있는 것 하나를 정하고 나머지는 주 요소를 위한 부수적인 역할을 하도록 계획해야 한다.

조명은 주거공간의 어떤 요소를 강조하는 효과가 크다. 별로 눈에 안 띄는 작은 실내 소품들을 진열한 테이블에 조명효과를 이용함으로써 그 공간에서 가장 관심을 끄는 요소로 변화시킬 수 있다.

둘 이상의 서로 다른 사물 사이에서 대비현상이 발생할 때 면적이나 형상, 색채 등이 다른 것보다 명료하게 보여서 시각적으로 강조되는 것이 지배성의 원리인데, 디자인을 할 때도 시각적 효과가 강한 면을 구성하기 위해서는 어떤 면에 지배성을 부여하고, 어떤 면을 종속적으로 처리할 것인지를 고려할 필요가 있다.

5. 조화Harmony

여러 가지 형태와 색의 다양함을 통일시키면 조화가 이루어진다. 통일성과 변화가 적절하게 표현될 때 조화된 아름다운 공간이 만들어지는데, 이렇게 실내디자인에서의 통일성과 변화는 서로 대립적인 관계가 아니라 밀접하게 관련된 유기적인 관계이다. 즉 통일성에 의한 아름다움이 전혀 손상되지 않으면서도 적절한 변화가 시도되어야 한다.

5.1 통일성Unity

건물의 외관과 실내분위기에 통일성을 주기 위해서 색채계획이나 질감, 선이나 형태를 비슷하게 또는 같게 이용할 수도 있다. 또 공간의 구성요소를 변화시키면서 각 요소에 일정한 패턴을 넣어 줌으로써 통일성을 주기도 한다. 그밖에도 건축할 때 가구를 붙박이식으로 계획하면 통일감이 있는 아름다운 실내공간을 연출하기가 비교적 쉽다. 그러나 지나치게 통일성을 강조한다면 지루하고 미적인 효과가 감소될 수 있다. 통일성은 강하고 분명한 자극을 주는 디자인에서 쉽게 얻어지며, 통일성을 주는 방법으로는 다음과 같다.

- 동일성 또는 반복 ; 벽과 천장을 같은 색으로 하는 것.
- 유사성 또는 연속성 ; 벽은 단색으로 하고 천장은 그 보다 약간 더 어둡거나 밝은 색으로 하는 것.
- 크기와 용도는 각기 다르지만 형태를 일치시키는 것 ; 둥근 러그 위에 둥근 탁자를 놓는 것.

5.2 변화Variety

변화는 다양성이라는 말로 대체될 수 있다. 다양성이란 동일한 요소 내에서의 변화된 성질을 뜻하며, 이것은 시각적인 형태, 질감, 패턴, 색채와 같은 요소들을 이용하여 공간의 전체적인 이미지 효과를 높이면서 조화와 통일을 강조하는 수단이 될 수 있다. 크기나 형태 및 색채 등을 변화시키면 주거공간을 보다 생동감 있고 흥미를 유발시킬 수 있는 공간으로 만들 수 있으나, 변화가 지나치면 난잡해지고 무질서해지므로 질서와 무질서의 한계를 정하여 조화롭게 공간이 구성될 수 있도록 해야 한다.

주거공간 디자인의 이론과 실제

chapter 03

주거공간 디자인의 실제

주거공간 디자인의 실제

chapter 03

1. 공간구성

전체 주택디자인을 착수하기 전에 그 주택의 거주자들의 모든 필요사항, 즉 거주자들의 나이, 일과, 생활형태 등을 찾고 분석하는 일은 매우 중요하다. 이 논리적 연습은 공간을 보다 효율적일 수 있게 하는 디자인 작업의 첫 번째 단계이다.

디자인할 때의 중요 질문들 중의 하나는 삶의 질적 향상을 위해서 이것이 과연 효과적인가 혹은 디자인의 목표를 위한 기능들인가 하는 것이다. 이렇게 주택을 구성하는 각각의 공간들을 객관적으로 분석하는 것과 더불어, 균형과 절제의 원리는 공간을 보다 적절히 분할하게 하는 필수사항이다.

계획단계에서는 디자인에 대한 상상을 자유롭게 펼칠 수 있으나, 여기서는 무엇보다 합리성이 요구된다. 선택된 주거공간에 부여할 스타일이 무엇이든지 간에 디자인 작업은 실천적으로 접근되어야 한다. 전망과 위치, 자연광을 고려한 후, 스케일에 맞게 계획된 디자인은 공간의 객관적 평가와 가능한 해결방안을 제시해야 한다.

주택을 한층 편하게 만드는 것은 방의 많고 적음보다는 거주자의 필요요건을 반영한 공간들을 현명하게 관리하는 것이다. 거주자가 일주일에 한 두 시간 정도만 넓은 거실을 사용한다면 공간을 낭비하는 것이 된다. 따라서 이러한 공간은 주방처럼 더 많이 사용하는 공간으로 제공되는 것이 더욱 현명할 것이다. 이렇게 공간관리의 방법이 결정되면 다른 실용적인 측면을 다루는 단계로 나아갈 수 있다.

• 다른 공간들과의 관계

하나의 방을 디자인하든지 혹은 주택 전체를 디자인하든지 간에 공간은 서로 다른 공간들과 연결관계를 가지고 있음을 염두에 두어야 한다.(공간은 홀로 고립되어 존재하지 않으며 일반적으로 다른 공간과 연결되어 있다) 주택에서의 훌륭한 공간관리는 거주자를 더욱 편안하게 만들 것이다. 거주자의 습관과 생활패턴은 변화하며, 실내디자인도 그것에 적합하게 맞추어 주어야 한다. 또한 사용되는 공간의 밝기, 기능, 크기 사이의 올바른 균형을 찾아야 한다.

오픈형 선반만으로도 두 개의 영역으로 연결하거나 분리할 수 있다.

주택의 공간구성과 관련된 몇 가지 기본 수칙이 있다. 식당은 주방에 가까워야 하며, 침실은 욕실과 가깝고 순환과 소음구역으로부터 떨어져 위치해야 할 것이다.

새로운 공간을 창출하는 방법은 다양하다. 거주자가 사는 지역과 사는 방식에 무엇이 적합할지 선택해야 한다. 내부 벽을 재배열하는 것이 가장 일반적인 방법이지만 미닫이문이나 커튼, 심지어 가구만으로도 공간을 개방적으로 분할할 수 있다. 소파 하나와 두 개의 안락의자는 내벽의 설치 없이도 거실의 형태를 만든다. 카펫은 다른 용도를 가진 두 개의 영역간의 경계를 형성한다. 긴 복도형태를 선호하는 사람들도 있지만, 실내디자인의 가치 있는 공간을 위해 많은 거주자들이 선호하는 개방공간에서 디자인을 착수하는 것이 일반적이며, 내벽을 전부 사용하는 경우는 그리 많지 않다.

디자인할 때 종종 노출벽들로 인해 밋밋하고 황량한 공간과 직면할 수 있다. 보, 지지대 혹은 목재 선반들은 방안에 안락감을 줄 수 있다.

더불어 천장벽화나 처마장식과 같은 건축요소들이 있는 천장장식은 공간의 특성을 더욱 부각시킨다.

클래식한 분위기 연출을 위해 거울을 사용하기도 한다. 다양한 종류의 거울을 사용하는 여러 가지 방법들이 현대디자인의 경향에 따라 변화되고 있다. 거울은 더 이상 전체의 벽을 덮거나 기둥과 같은 건축적 형태 뒤에 존재하지 않는다. 그러나 거울은 아직도 공간을 실제보다 크게 느낄 수 있게 하며, 대부분 그림처럼 걸려서 방을 드넓게 한다.

거울의 두드러짐을 적게 하기 위해 색다른 모양이나 형태를 만드는 방법 중의 하나는 대칭 패턴을 만드는 요소를 첨가하는 것이다. 이 요소들은 어수선한 환경을 깔끔하게 정리한다. 한 구역 안의 풍부한 수평선들은 공간에 활기차고 느긋하며 현대적인 느낌을 제공하고, 수직선들이 우세하면 공간이 더욱 클래식하고 간결하게 보이도록 한다. 곡선은 거주자의 기분을 좋게도 하지만 때로는 오히려 좋지 않은 느낌을 줄 수도 있기 때문에 절제해서 사용한다.

2. 주거공간의 디자인

2.1 현관과 복도

현관은 방문자에게 주택의 첫인상을 좌우할 수 있는 곳임에도 불구하고 소홀히 처리되기 쉬운 공간이다. 현관은 집안 전체로의 동선유도를 위한 입구로서, 신을 벗고 정리하기 위한 수납의 역할을 수행한다. 이 두 기능을 충족시키기 위해서는 현관의 충분한 공간 확보와 신발장을 포함한 수납장의 설치가 필요하다. 하지만 이 공간을 기능보다 장식적인 면을 강조하여, 심미적이거나 화려하거나 혹은 극적인

현관에서는 기능보다 장식을 강조하여 방문자에게 따뜻한 환영의 느낌을 줄 수도 있다.

요소로 방문자에게 따뜻한 환영의 느낌을 줄 수도 있다. 복도는 공간과 공간을 연결해 주는 접속공간으로, 사용자의 원활한 통행을 보장한다. 주택의 평면을 계획할 때, 각 공간의 동선을 무시한 채로 복도를 배치시키면 생활의 불편뿐만 아니라 프라이버시의 확보, 열이나 소리 등의 차단에 효과적이지 못하다. 따라서 현관과 복도를 명확히 구분해 주는 문이나 칸막이를 설치하여 복도의 기능을 강조하든가, 방음성과 방수성이 강한 소재로 천장과 벽을 마감하여 복도가 제반 기능을 다 할 수 있도록 한다.

온화한 이미지의 현관은 가정을 아늑하게 느껴지도록 한다. 현관은 주택의 입구이기 때문에 다른 모든 공간들의 스타일과 컬러 등의 요소들과 관계를 갖고 있어야 한다. 복도 또한 다른 공간들과 연결되어 있기 때문에 같은 원리로 적용되어야 한다. 주택의 이 모든 공간요소들은 하나의 프로젝트로 디자인된 것처럼 통일감이 느껴져야 한다.

복도 또한 현관처럼 다른 공간들과 연결되어 있기 때문에 다른 모든 공간들의 스타일과 컬러, 이 양자 모두와 관계를 가져야 한다.

현관이나 복도에 천창을 내는 것은 심미성과 기능성 모두에 있어서 좋은 결과를 가져올 수도 있으나 건축적 구조들로 인해 그렇게 이행하지 못하는 경우가 대부분이다.

그리고 복도가 마치 호텔처럼 문이 지루하게 연속되어 있는 것은 비용절감을 위해서라도 피해야 할 점이다. 벽장이나 벽을 따라 처리된 장식들과 그 밖의 건축적 요소들은 복도에 리듬감을 주며, 동시에 단조로움을 탈피할 수 있게도 한다. 이렇게 수정 · 보완이 가능하지 않을 때는 꽃병, 거울, 그리고 그림이나 소품, 가구 등을 놓을 수 있다. 복도를 다른 영역으로 구분할 수 있는 좋은 방법은 천장고를 낮게 혹은 둥근 아치로 색다르게 만드는 것이다. 만일 복도가 너무 길고 넓은 편이라면, 책 선반들을 이용하여 도서실 형태로 만들 수도 있다. 이것은 특히 거실과 같은 휴게영역에 아무 것도 없는 경우에 적합하다. 만일 공간이 너무 많은 문들로 인해 정돈된 이미지가 들지 않는다면 벽과 문을 같은 컬러톤으로 도장하여 어느 정도 가려지도록 할 수도 있다. 중요한 방으로 유도하는 문들은 다른 문들보다 구별될 수 있도록 하며, 투명한 문을 설치하기 전에는 문 뒤에 놓이는 것이 사적으로 보장되어야 하는 물건인지에 대해 먼저 생각하도록 한다.

문과 벽 이외에 문이 열렸을 때 다른 공간이 동시에 보여지는 바닥재 또한 주의가 필요한 부분이다. 바닥재는 시각적으로 내구성이 있어야 하며, 홀이나 통로에 주로 많이 사용되는 재료를 사용하도록 한다. 마지막으로 스위치와 플러그를 설치하기 전에 그것이 어떻게 사용될지에 관해 생각하고, 거주자의 필요사항과 소유하는 방의 용도를 고려해야 한다.

2.2 주방

지금까지 주부만의 가사공간으로 생각되었던 주방은 오늘날 생활 패턴이 변함에 따라 가족 누구나가 편하게 이용할 수 있는 공간으로 확대되었다. 주방에서의 효율적인 작업을 위해서는 무엇보다 동선을 고려한 설계가 중요하다. 또한 하루 중 비교적 많은 시간을 보내는 곳이므로 아늑하고, 편리한 구조가 되도록 해야 한다.

주방을 디자인하기 전에 이곳이 어떻게 사용될 것인지를 세밀하게 분석하는 일이 필수적이다. 거주자가 주방을 좀 작게 하고 식당을 따로 분리하는 것을 더 좋아하는지, 아니면 매일의 식사를 위한 식탁과 의자를 포함할 수 있을 만큼 충분히 큰 주방이 더 가치 있는지를 결정해야 한다. 더불어 거주자가 원하는 공간에 적용될 요소들을 결정해야 한다.(세탁기는 주방에 놓일 수도 있고 따로 분리된 세탁실에 놓일 수도 있다. 다림질공간, 빨래건조실, 심지어 바느질공간 또한 만들 수 있

음식, 단지, 견과류, 허브, 양념들도 진열방식에 따라 매력적이게 보일 수 있다.

다. 이 공간들이 주방과 가까우면 집안 일은 더욱 손쉬워질 것이다)

이렇게 세밀한 디자인 계획하에 진행되지 않으면 효율적인 주방이 디자인될 수 없다. 주방의 가장 중요한 특성은 안전, 효율성, 그리고 간결한 동선이다. 최대공간을 확보하기 위해서는 항상 작업트라이앵글삼각동선을 고려하도록 한다. 이것은 저장고, 준비대, 조리대, 가열대를 위한 구역으로 주방을 나누는 개념을 말한다. 사실, 이 삼각동선의 형태는 오늘날 ㄷ자형이나 ㄴ자형으로 배치되는 주방의 기본이 되고 있다. 이 삼각동선의 총길이는 최소 3m 30cm 이상, 6m 30cm 이하이어야 하며, 한 구역에서 다른 구역으로의 이동영역에 가구나 문과 같은 장애물이 없도록 해야 한다. 개수대는 음식이 준비되는 곳과 조리대에 가깝게 설치하여 바닥에 미끄러운 것을 흘리거나 손에 쟁반을 들고 이동할 때에 주방을 가로지르는 번거로움이 없게 해야 한다. 그리고 전기 관련기구들의 위치 또한 주의 깊게 고려해야 한다. 예를 들어 냉장고는 가열대로부터 떨어져 있어야 한다.

현대의 주방은 많은 전기도구와 기계장치로 인해 특수 조명시설이 많이 필요하므로 충분한 스위치와 플러그의 위치를 고려하여 계획해야 한다. 또한 각각의 작업구역에는 조명을 따로 설치하여 구역이 독립적으로 사용될 수 있도록 한다.

조리대는 냄새를 발생시키기 때문에 연기가 효율적으로 방출될 수 있도록 한다. 오늘날 주방은 환풍시설이 요구되더라도 따로 분리되어 가려지지 않고, 오히려 거실과 개방된 스타일이 일반적으로 증가하고 있다. 외부 창을 통한 직접적인 환풍만큼 좋은 방법은 없지만, 냄새제거기를 설치하면 주방 사용이 훨씬 효율적일 수 있다.

너무 기능성만을 강조하여 주방을 디자인하는 것은 그다지 바람직하지 못하고, 실용적인 면을 고려하는 것이 필수적이다. 주방기구와 전열기구, 그리고 주방가구를 사용하여 거실과 같은 스타일로 통일감이 들면서도 주방만의 독특한 분위기를 느낄 수 있게 한다. 작업영역은 모든 것이 깔끔하고 위생적으로 정리되어 잘 정돈되어 보이게 해야 하며, 다음 식사를 위한 대비가 이루어질 수 있도록 해야 한다. 실용적인 사용을 떠나 많은 주방기구나 도구들을 암시적으로 진열하여 눈의 즐거움와 흥미를 유발시킬 수 있다. 이를테면 음식, 단지, 견과류, 허브, 양념들도 진열방식에 따라 매력적으로 보일 수도 있다. 이것은 경직된 형식을 깨뜨릴 수 있는 작은 표현방법이라고 볼 수 있다.

2.3 식당

식당은 단순히 음식을 먹는 장소일 뿐만 아니라 가족 전체에게 즐거움을 주는 휴식공간으로서의 의미도 갖는다. 식당의 크기와 형태는 한 가정의 주생활 패턴을 고려하고 식사형태의 특수성을 감안하여 계획되어야 한다.

식당이 놓여질 위치에 대한 몇 가지 선택사항이 있다. 위에서 이미 언급했듯이, 먼저 식당을 따로 분리하지 않고 주방에 놓을 수도 있고, 두 번째로 거실의 한 부분이 되게 할 수도 있다. 세 번째 선택은 식당이 하나의 독립적인 공간이 될 수 있도록 하는 것이다. 우리의 선택은 실용적인 결과와 거주자의 개인적 우선사항에 따라 결정되며, 주택의 구조와 크기에 따라서도 선택이 달라질 수 있다. 이를테면, 빠른 식사와 일상의 실용적인 사용을 위한 주방의 한 부분으로 혹은 가족과의 유대관계를 위해 거실의 한 부분으로서, 아니면 손님을 위해 따로 분리된 독립공간으로 선택될 수 있다. 어떠한 선택이 되든지 몇 가지의 기본 안내지침을 따라야 한다.

장식이 된 테이블은 식당에 생동감을 주는 볼거리를 제공하기 때문에 더없이 좋은 소재이다.

테이블과 의자는 공간의 조건에 따라 크게 영향을 받는다. 테이블이 벽을 향해 있는 것은 피해야 한다. 테이블에 앉아 있는 사람들에게 벽을 응시하는 것 외에 아무런 선택권을 줄 수 없기 때문이다. 만일 테이블이 자연광과 가깝고 몇 개의 특정한 전반조명이 설치되어 있다면, 이미 전체적으로 좋은 조도는 얻어진 셈이다. 하지만 눈에 직접적인 것은 좋지 않다. 식

테이블과 식탁용 의자들은 식당에서 즐거움을 주는 요소들이기 때문에 가구의 우아함이나 방문객에게 놀라움을 주는 것으로 스타일이 선택된다. 계단이나 창문의 전경, 혹은 책장과 같이 식사와 관련이 없는 장식적 요소들 또한 원하는 특성의 표현을 부가시켜 준다.

탁을 다림질이나 바느질, 학습을 위해 다른 용도로도 사용하기를 원하는 경우에 위치와 조도 조절이 가능한 하이라이트 조명은 최상의 선택이다. 사이드보드는 테이블 위에 사용되는 모든 식기류나 수저, 테이블보, 그리고 냅킨을 놓을 수 있는 공간을 제공할 것이다. 심지어 진열서랍장이나 장식장은 진열과 더불어 식당에 생동감을 주는 볼거리도 함께 제공하는 좋은 소재이다. 다수의 손님을 위한 특별한 날에도 사용될 수 있는 식당을 디자인할 때에는 테이블이 확장될 수 있도록 해야 한다. 최근 많이 응용되는 디자인 경향은 많은 수의 의자와 큰 크기의 테이블을 피하고, 그 해결책으로 테이블 양쪽 사이드에 두 개의 의자를 배치하되 양끝으로 한 개씩 더 추가 배치가 가능하도록 하는 것이다. 이런 경우에는 주택의 특별한 행사를 위해 모두 비슷한 높이의 충분한 의자가 준비될 수 있도록 한다. 그러나 이렇게 여분의 의자들만 필요한 것은 아니다.(때때로 식탁과 어울리지 않는 뜨거운 냄비나 그릇들이 필요할 수 있는데, 왜건trolley은 이런 경우에 편리하게 사용할 수 있으며, 거실로 커피나 다과를 운반하기에도 좋다)

가구는 식당에 변화를 주는데 도움이 된다. 식당에는 테이블과 의자들이 있어야 한다. 비록 우리가 특별하게 창출할 수 있는 공간으로 생각되지 않더라도 쾌적한 식사분위기를 연출하는데 주의가 필요한 중심부이다. 이렇게 제한된 상황에서의 작업이 오히려 놀라운 결과를 줄 수도 있다. 식당이 시각적으로 거실과 연결되어 있다면 거실은 식당의 진입을 유도하는 두 번째 단계의 중심이 된다. 따라서 이 두 공간 모두 같은 스타일로 장식될 수도 있고, 각각 다르게도 디자인될 수 있다.

거실은 가정의 편안함을 즐길 수 있는 공간이다. 커피를 마시거나 잡지책을 읽기 위한 작은 테이블과 같은 보조가구는 이러한 편안함을 더욱 증폭시키는 역할을 한다.

2.4 거실

거실은 온 가족이 함께 공유하고 모이는 장소이다. 여가시간에는 안락하게 긴장을 풀 수 있는 휴식공간이 되기도 하지만, 때로는 손님을 응접하는 공간으로서 그 집안을 대표하는 장소가 되기도 한다. 경우에 따라 이곳은 많은 손님을 초대함으로써 파티장이 되는가 하면, 가족 음악회를 열거나 TV 및 영화를 시청하는 곳으로도 이용된다. 과거에는 거실의 스타일이 거주자의 부유함을 나타내는 표현 수단이었으나, 오늘날 생활이 다양해짐에 따라 보여지는 모습에 대해 얽매이기보다는 편안함을 더 우선시한다. 하지만 거실공간이 거주자의 사회적 지위를 반영하는 것에 대해서 사람들은 반문하지 않는다.

거실은 벽난로나 전망 있는 창 등을 중심으로 배치될 수 있다. 소파와 카펫, 그리고 소파와 의자의 배치는 사교적 영역을 정의할 수 있도록 한다.

긴 안락 의자의 간결하고 우아한 선은 고급스러운 장식요소이자, 독서를 즐길 수 있는 편안한 곳이 될 수 있다.

거실공간을 계획하는데 있어서 가장 기초가 되는 것은 가족구성원과 연령층, 취미 등 그 가정 특유의 조건을 고려하는 것이며, 그 다음으로 가구의 배치 및 색채, 조명연출에서 소품에 이르기까지 여러 가지 요소를 하나하나 점검하는 것이다. 특히 거실에서는 많은 활동들이 행해지므로 다목적으로 사용되기 위해서는 유연성 있는 구조와 요소가 필수적이다. 세심한 디자인은 안락함을 부여하면서 동시에 모든 활동을 수용할 수 있다. 형태와 볼륨, 그리고 동선을 가지고 공간디자인을 시작하도록 한다.

벽난로가 있는 거실은 항상 따뜻함이 느껴진다. 실제로 장작을 태우지 않더라도 전원만 넣으면 장작이 타고 있는 듯한 인조 벽난로는 멋스러운 분위기를 조성한다. 전통적으로 벽난로는 거실 배치의 중심이며 초점이었으나, 이제는 대부분 TV가 모든 암체어의 정면 방향을 바꾸게 하는 목적물이 되었다. 거실공간은 커다란 창이나 문처럼 주위를 끄는 요소들을 따라 축이 형성되는 세부계획을 가지고 작업하는 것이 유용하며, 대부분 순환공간들을 고려한 축을 따라 구조가 이루어진다.

사회적 생활을 위한 주요 영역은 3인용 소파와 1인용 소파에 의해 형성된다. 이 공간의 직경이 4m를 넘으면 사교공간으로서의 기능을 제대로 발휘할 수 없게 된다. 한 공간에 사회적 영역이 두 개라면 어떤 것이 주가 되는지를 정의할 수 있도록 그 크기를 결정해야 한다. 거주자의 필요요건에 따라 독서를 하거나 음악감상을 하거나 게임을 즐기기 위한 작은 코너부분을 만들 수도 있다. 바닥자재나 카펫은 한쪽에서 암체어가 그룹 형성을 이룰 수 있는 공간으로서 사용되는 동안, 다른 영역들을 구분하는 역할로 사용될 수도 있다. 이렇게 바닥에 다른 자재를 사용하거나 레벨의 차이를 주는 방법으로 영역을 구분할 수 있다.

현대적 생활은 유연성을 요구하기 때문에 소파는 거실에서 더욱 중요한 요소가 되고 있다. 따라서 수용성이 적은 거대하고 무거운 소파의 사용은 좋은 예라 볼 수 없다. 암체어나 방석 또는 쿠션들은 자연스럽게 사람들의 모임을 도모한다. 그러나 한 사람만이 거실을 사용하는 경우, 나머지 빈자리들은 무엇인가 상실한 듯한 인상을 줄 수 있다. 만일 이러한 경우라면 커다란 크기의 소파를 피하고 커피 테이블이나 잡지꽂이 혹은 책장과 같은 보조가구를 사용하도록 한다. 그리고 조명설치는 천장의 전반조명이 아닌 거주자들의 필요한 활동에 따라 등을 선택적으로 켤 수 있는 몇 개의 스탠딩램프나 테이블램프가 가장 적합할 것이다.

2.5 침실

침실은 주거공간 중에서 가장 사적이며 독립적인 장소로서, 개인의 취향이 잘 반영되어야 한다. 침실은 잠을 자기 위한 방이지만 하루의

침대는 침실에서 가장 중요한 가구이며 동시에 장식적 요소이기도 하다. 베개와 쿠션, 그리고 침대보는 색채계획과 분위기를 조성하는 역할을 한다.

활동으로 피곤해진 심신을 쉬게 하기 위한 중요한 기능을 수행하는 공간이기도 하다. 또한 이곳에서 마음에 드는 음악을 듣거나 책과 잡지를 보는 등의 취미를 즐기며 보내기도 한다.

침실의 공간계획은 동선의 단순화에 유의해야 하는데, 특히 활동이 빈번한 입구에서 옷장과 같은 수납공간까지의 동선은 짧게, 직선으로 설계하는 것이 좋다.

침실은 싱글 침대가 있는 작은 방에서부터 욕실과 드레스룸이 있는 넓은 방까지 다양한 형태가 있다. 침실의 가장 중요한 부분은 침대가 눈에 띄어야 한다는 것이다. 그러므로 옷장이 침대를 배경으로 밀어내는 일이 없도록 해야 한다. 그렇지 않으면 방이 변화되고 있는 것처럼 불안감이 느껴질 수 있기 때문이다. 신체의 건강과 마음의 상태는 좋은 잠자리에 의해 좌우되는 만큼 매트리스는 침실의 중요한 요소이다. 침대는 형태와 크기가 다양하므로 공간과 사용자의 필요요건에 적합한 것을 찾도록 한다. 계획성 있는 작업은 균형 있는 방을 연

침실공간이 충분한 경우에는 이 공간에 작업이나 독서를 위한 제2의 영역을 만들 수도 있다.

출할 수 있도록 도움을 줄 것이다.

• 방을 너무 세분화하지 않는 것이 좋다. ; 너무 큰 침대나 너무 많은 옷장을 배치하지 않아야 한다. 가능한 한 공간을 효율적으로 관리할 수 있어야 한다. 왜냐하면 사용자의 필요사항에 따라 적합하게 맞춰진 것이 사용자를 더욱 편리하게 해주기 때문이다. 입구가 있는 벽을 따라 붙박이장을 위치시키고 이 붙박이장에 일반적인 모양새를 주면 좋은 결과를 기대할 수 있으며, 커튼으로 가려지는 선반을 사용할 수도 있다.

공간이 충분한 경우, 취침과 휴식의 침대 영역에서 분리된 드레스룸을 따로 만드는 것은 좋은 아이디어이다. 부인 내실boudoir의 기능이 있는 옷장에 세면대와 거울을 설치할 수도 있다. 만일 클래식한 부분이 적은 것을 선호한다면 롤스크린이나 미닫이문, 또는 커튼 등으로 침실을 분리할 수 있으며, 침실의 한쪽에 독서를 하거나 바느질을 할 수 있는 암체어와 테이블을 가진 휴식영역을 만들 수도 있다. 이 영역을 경우에 따라 임시적으로 작은 서재로 사용하는 것 또한 가능하다.

침실의 색채 선택은 공간 분위기를 친근하게, 안락하게, 혹은 깔끔하게 결정하는 필수요소이다.

• 컬러의 음영은 조명의 3가지 유형에 달려 있다. ; 첫째, 방 전체를 위한 전반조명, 둘째는 작업영역을 위한 국부조명, 그리고 셋째는 침대 옆의 부드러운 분위기 조명이다. 침대 옆의 조명은 빛을 제공하되 독서할 때에는 책장에 의한 그림자가 생기지 않도록 해야 한다. 그러나 국부조명은 침대의 협탁에 제한을 두지 않도록 하며, 옷을 찾을 때 옷장 안이 잘 보이도록 충분한 빛이 제공되도록 한다. 편리한 조명에 관한 마지막 요건은 방 안쪽의 문 옆과 침대 옆에서 빛을 조절할 수 있는 스위치를 설치해야 한다는 것이다.

• 아동실

아동실은 특별한 취급이 있어야 한다. 그러나 매 3~4년마다 방을 완전히 바꿀 필요는 없다. 아이들의 성장발달 요건을 받아들이는 정도로도 충분하다. 유아용 침실은 아이가 떨어지거나 위험하지 않으며,

부모가 아이의 옷을 쉽게 갈아 입힐 수 있어야 하고, 잘 닦이는 표면으로 마감되어야 한다. 아기가 첫 걸음마를 하기 시작할 때에는 다치는 일이 없이 돌아다닐 수 있는 자유로움을 느낄 수 있는 공간이 필요할 것이다. 아이가 읽고 쓰기를 시작하면 낙서와 그리기 등에 재미를 느낄 수 있고 어떤 일에 흥미를 가질 수 있도록 학습영역이 조성되어야 할 것이다. (칠판과 같은 것은 아이의 창의력을 증가시켜 줄 수 있는 요소이다)

나중에 아이는 학교 과제를 수행할 수 있는 적합한 학습공간을 필요로 할 것이며, 10대가 되면 자신들의 방을 자신의 기호와 성격에 따라 자유롭게 장식할 것이다. 아동실은 주로 활기 있는 컬러로 디자인하되 편안하며 집중할 수 있는 컬러를 선택하도록 한다. 또 한가지 주의해야 할 사항은 부모의 생각에 자녀가 좋아할 것 같은 귀여운 그림으로 아이의 방 벽면을 덮지 않도록 해야 한다. 아무리 자녀가 어릴지라도 아이는 자신이 좋아하는 것을 알고 있으며, 어느 면에서는

아동실은 활기 있는 컬러로 디자인하되, 편안하며, 집중할 수 있는 컬러를 선택하도록 한다.

아동실은 아이의 성장에 따라 쉽게 변화가 수용 가능해야 한다. 더불어 아이들이 자신의 사적인 공간을 소유하고 있다는 느낌은 중요한 사항이다.

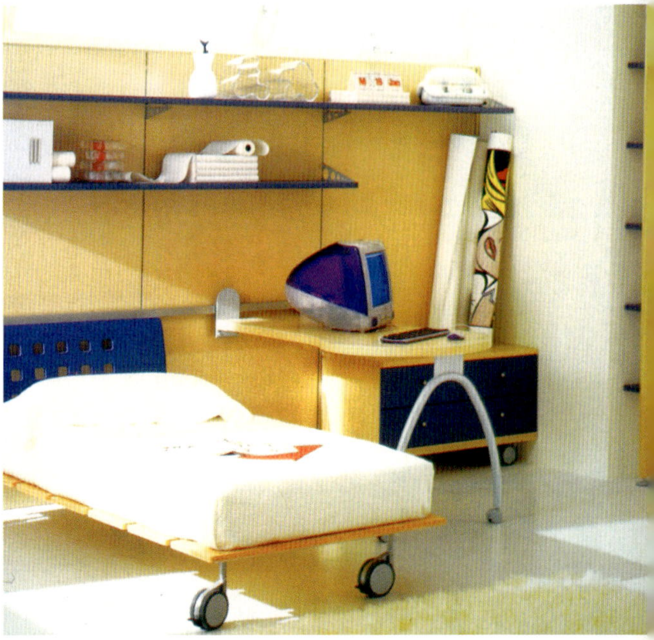

어른처럼 대우해 주는 것과 자녀의 개성을 반영해 준 방을 좋아한다. 아이들의 생활패턴은 어른들의 생활패턴과 다르다는 것을 염두에 두도록 한다. 이것이 특히 중요한 이유는 자신의 방이라 불리는 이 공간에서 자녀들이 스트레스에서 벗어나 편하게 놀고, 어른의 생활을 공상하며 생활하기 때문이다.

아동실은 창문 가까이에 학습공간을 배치하는 것이 이상적이다.(자연광은 눈의 피로를 최소화한다) 만일 아동실이 주로 휴식과 놀이를 위한 공간이라면 창문 옆에 침대를 놓아 아침 햇살을 즐길 수 있도록 할 수도 있다. 이 공간을 계획할 때에는 공간의 필요요건을 잊지 않아야 나중에 아동들이 불편 없이 옷장문과 서랍을 열거나 움직일 수 있다.

• 노인실

젊은이들보다는 집에 있는 시간이 많고 신체적으로나 심리적으로 위축되어 있는 노인들에게 자연광과 좋은 전망은 필수적이다. 따라서 노인실은 볕이 잘 드는 남향이 좋으며, 일찍 일어나는 노인에게는 아침 해가 들어오는 남동쪽이 적합하다. 노인실은 가족의 방과 너무 멀어서는 안 되며, 2층보다는 아래층에 위치하는 것이 바람직하다. 2층에 위치해야 하는 경우라면 계단의 경사를 완만하게 하고 난간을 필히 설치하도록 한다. 또한 화장실과의 거리는 짧게 하고, 가능하면 방안에 전용 화장실을 두도록 한다.

노인실을 디자인할 때에는 채광과 함께 수납공간, 조명의 밝기, 온도조절 등을 특히 신경써야 한다. 대부분의 노인들은 여러 가지 작은 물건들을 모으는 경향이 있으므로 크고 작은 수납공간을 마련하여 방안을 쉽게 정리할 수 있도록 한다. 또한 나이가 들수록 시력이 약해지므로 보통 다른 실내보다 1.5배 정도 밝게 하는 것이 좋다. 방의 온도를 공간별로 각각 조절할 수 있다면, 노인실은 실내 · 외 온도차가 10° C 이상 차이나지 않도록 조절한다. 노인들은 체온조절 기능이 떨어져 실내 · 외 온도차가 심하게 날 경우 위험할 수도 있다. 또한, 화분이나 수족관 등 생명력을 느낄 수 있는 것을 장식으로 활용하고, 벽지도 꽃이나 나뭇잎 등, 자연을 소재로 한 화사한 것이나 전통적인 문양의 한식 느낌이 나는 한지를 사용하여 친근감을 주도록 한다. 이것들의 소재 또한 화학성분이 적은 자연소재를 사용해야 한다. 침대를 사용하는 경우라면 침대 높이는 가능한 한 높지 않은 것을 사용한다. 침대 주변에 낮은 장식장을 둘러놓음으로써 간이난간을 만드는 것도 좋은 아이디어이다.

2.6 욕실

욕실은 기본적으로 세면과 목욕, 용변 등의 행위를 충족시켜야 하는 장소이므로 사용자의 치수에 적합한 세면기, 변기, 욕조 등이 설비되어야 한다. 또한 욕실의 모든 재료는 안전하고 방수처리가 잘 되어 있는 것이어야 사용에 불편이 없는데, 특히 바닥에는 미끄럼을 방지할 수 있는 조치가 필요하다.

욕실의 유리와 스테인리스 스틸은 물에 쉽게 얼룩지므로 모든 것이 반짝거리도록 하는 유지관리가 요구된다.

욕실은 주택공간 중 아침에는 세상과 직면하기 위해 준비하며, 밤에는 여유롭게 일상생활에서 피로했던 부분을 씻어낼 수 있는 성역의 장소라 할 수 있다. 욕실의 심미성과 독창성을 강조하는 새로운 디자인 제품들이 소개되고 있다. 변기와 같이 아름답지도, 가벼운 느낌도 들지 않던 욕실의 하드웨어는 오늘날 더 이상 따로 숨겨져 있을 필요가 없는 디자인적 요소가 되었다. 이 하드웨어는 편안하고 기분 좋고 실용적인 접근이 다른 모든 사항보다 우선권을 갖는다.

욕실은 세상으로부터 떨어져 긴장을 풀 수 있는 장소로 편안함이 느껴져야 한다. 오늘날 사람들은 목욕보다는 샤워를 더 많이 하기 때문에 샤워부스는 더욱 재미있고 기능적으로 디자인되고 있다. 무엇보다 먼저 욕실의 모든 설비들은 갑자기 리모델링하거나 재배치할 수 없는 고정물로 되어 있기 때문에 처음부터 독특하게 디자인해야 볼만하다. 다음으로, 하수 관련기술들은 특별한 준비요건을 필요로 하기 때문에 관련 전문가에게 의뢰하도록 한다. 이 곳은 면도나 헤어드라이, 화장 등 모든 것을 할 수 있는 충분한 공간이 될 수 있도록 해야 한다. 만일 이 공간이 여러 요소들로 가득 차 있다면, 무엇을 포함시키고 무엇을 포함시키지 말아야 할지를 객관적으로 결정해야 할 것이다. 예를 들어, 좁은 공간에 욕조를 억지로 채워 넣지 않도록 한다. 만일 욕조를 둘 만큼 충분한 공간이 없다면 샤워부스를 설치하는 것이 좋다. 물론, 화장실이 함께 설치된 손님용 욕실과 아동용 욕실을 따로 가질 수 있다면 더욱 바람직하다고 볼 수 있다.

최근의 욕실은 기능적일 뿐만 아니라 우아하기까지 하다.

욕실에 개인적인 감각을 주는 형태를 포함시킬 수도 있다. 습기에 차단되는 그림액자를 걸거나 창문 옆에 화초들이 있는 경우 더 없이 보기 좋다.

사우나를 설치할 수 있을 만큼 충분한 욕실공간을 가지고 있는 경우라면, 유행을 따라가는 것이 아닌 가족 구성원의 필요사항을 수용할 수 있도록 한다. 모든 것의 측정과 설치를 끝낸 후, 샤워할 때 팔을 위로 올릴 수 없게 되는 것과 같은 당혹스러운 일을 피하려면 입체적으로 생각해야 한다.

조명설치시, 보이지 않는 배관들로 인해 전기연결이 어려울 수 있으므로 계획단계에서부터 미리 이것을 함께 고려해야 한다. 바닥과 벽에 타일이나 슬레이트를 설치하기 전에 다음의 질문에 유의하도록

욕실에 사용되는 재료들은 편안함을 좌우하는 요소들이므로 생기있는 것들을 사용한다. 액세서리나 소품들은 욕실을 아늑하게 만들어 사용자가 좋은 기분이 들도록 한다.

한다. 회반죽, 석회암이나 목재와 같은 따뜻한 재료를 사용하여 타일로 마감된 전통적인 욕실에서 벗어날 수 있다. 컷팅 모서리에 맞춰지는 대리석은 타일보다 스타일이 더욱 가미되어 보이며, 공간을 강조하지만 대부분의 사람들은 타일로 붙여진 전통적인 욕실에 더 안주한다. 그러나 타일을 천장까지 전부 붙이지 않도록 주의해야 한다. 이것은 공간이 작고 지루해 보이게 만든다. 바닥재는 욕실의 사용 인원수와 사용 빈도수에 따라 결정된다. 나무쪽으로 모자이크한 파켓Parquet 욕실은 부드러운 느낌을 더하지만 물에 상당히 민감하기 때문에 유지관리를 지속적으로 해 주어야 한다. 유리와 스테인리스 스틸은 물에 쉽게 얼룩지므로 모든 것이 항상 반짝거리도록 하는 유지관리가 요구된다.

매끄럽게 디자인된 욕실은 뚜렷한 라인을 가지고 심미적으로 긴장을 완화시키는 아름다운 공간이 될 수 있다. 일반적으로 올바른 색채의 사용은 깔끔함과 위생적인 감각을 주는데, 이것은 목재와 같은 따뜻한 천연재료가 여기에 해당되지 않음을 의미하는 것은 아니다. 재료를 조화롭게 다루는 경우, 전체적으로 적합하게 어울릴 수 있다. 사용자들은 대부분 여름에는 시원하고 신선하고, 겨울동안은 아늑하고 따스함을 느낄 수 있는 욕실을 원한다. 욕실에 개인적인 감각을 표현하는 형태를 포함시킬 수도 있는데, 습기가 차단되는 그림액자를 걸거나 창문 옆에 화초들이 있는 경우 더 없이 보기 좋다. 밝은 조명이 필요한 공간에서 자연광의 유입은 가장 바람직한 방법이다. 만일 할로겐 램프를 사용할 수 없는 경우, 조명의 강도를 높이도록 한다. 전반조명은 천장에 고정되지만 화장이나 면도를 하는 경우에는 배우의 분장실과 같은 국부조명이 요구된다.

2.7 작업실 및 서재

작업실이나 서재는 가족들과 떨어져 혼자서 명상, 집중, 고독의 시간을 가질 수 있는 공간이다. 그러므로 서재의 위치는 사람의 출입이 적은 조용하고 외진 곳이 적합하다. 서재의 넓이는 책상과 의자를 놓고 책을 꽂을 책장을 고려하면 최소한 6.6㎡(2평)는 확보되어야 한다.

현대의 많은 주택들은 종종 도서공간의 부족으로 복도나 거실 심지어 식당에까지 서적들을 진열해 놓는다. 이러한 해결안도 좋기는 하지만 혼자서 조용히 작업을 하고 싶을 때에는 평온함과 조용함을 제공받지 못한다.

서재는 흥미롭게 장식할 수 있는 공간이다. 여러 색의 책 커버와 책

서재에서 가장 중요한 고려사항은 편안한 분위기 조성이다. 책과 비디오, CD를 위한 선반들과 잡지나 종이자료를 보관할 수 있는 서랍장은 필수요건이다.

무게가 훨씬 덜 나가 보이는 금속이나 유리 선반들을 사용하면 시각적으로 눈에 덜 띄기는 하지만 더욱 독창적으로 보이게 한다.

서재에서 능률적인 작업을 수행하기 위해서 특수조명은 필수적이다.

등으로 잘 정돈된 선반은 심미적으로 아름다워 보일 수 있다. 책과 함께 장식하는 간단한 방법은 그림액자나 화초, 포스터와 더불어 처리하는 것과, 적절히 다른 요소들을 배치한 후 장식품처럼 분류하여 정돈하는 것이다. 비디오시스템, CD나 테이프의 수집 또한 현대의 서재에 있어서 필수적으로 잘 어울리는 요소이다. 전통적인 목재 선반을 사용하면 클래식한 분위기가 되며, 무게가 훨씬 덜 나가 보이는 금속이나 유리 선반들을 사용하면 시각적으로 눈에 덜 띄기는 하지만 더욱 독창적으로 보이게 한다. 이것은 정형적인 서재의 이미지로부터 탈피할 수 있는 방법이다. 서적들이 너무 높은 곳에 놓여 있다면 사다리가 필요할 것이다. 천장고가 낮은 경우라면 레일 위로 이동하는 슬라이딩 책장을 이용할 수 있다.

2.8 원룸studio

원룸은 대부분 개방적이지만 심지어 개조된 이후에도 기본적으로 욕실과 주방공간만은 분리된다. 원룸의 휴식공간은 다목적으로 변환된다. 물론 이 배치 타입은 충분한 프라이버시가 보장되지 않기 때문에 아이들이 있는 가정에는 적합하지 않다. 그래서 원룸의 거주자들은 독신자들이거나 신혼부부인 경향이 많다. 창의적으로 디자인하고 장식하기를 원하는 경우라면 원룸 공간이 매력적일 수는 있으나 이렇게공간적 제한이 있는 곳은 철저한 계획이 요구된다는 것을 명심해야 한다.

창고형식 원룸은 일반적으로 천장고가 높기 때문에 갤러리 스타일의 침실로 창출될 수 있는 완벽한 공간이다. 천장에 가깝게 위치시킨 중이층 침실 아래로 욕실과 주방이 휴식공간으로부터 독립되어 설치될 수 있다.

원룸으로 통하는 층계는 침실 사용자의 개인적인 스타일이 느껴지도록 할 수도 있으나, 낮고 넓은 볼륨감을 피해 전통적인 답답한 벽체 형식을 탈피하여 투명한 요소로 바꾸어 나아가는 것도 좋은 방법이다. 이곳으로 연결되는 층계의 독특한 이미지가 창출될 수 있는 적절

하나의 공간이 모든 주거공간의 기능을 수행하도록 만드는 일은 디자이너에게 있어 도전적인 작업이라 할 수 있다. 공간을 위한 가구의 선택과 배치는 무엇보다 유연성이 요구된다.

한 재료는 철제와 목재이다. 그러나 특이한 원룸의 형태가 갤러리 형태로 적합하지 않을 수도 있다. 이런 경우 가장 효율적인 해결방법은 천장에 닿지 않는 옷장을 사용하거나 스크린 파티션을 사용하여 영역을 분리하는 것이다. 때로는 침실을 따로 분리하지 않는 것이 필수적인 경우도 있다.

공간들 사이의 분리 벽체는 확실히 없어져야 하지만 욕실의 경우에는 그렇지 않다. 항상 욕실의 공간 안에 다른 매개 요소들을 사용하여 욕조와 샤워부스를 통합하는 방법을 모색해 보는 것이 좋다.

원룸의 주방은 전체적으로 개방된 공간이 될 수 있다. 전형적인 주방

개방공간은 밝은 분위기를 조성해야 하며 상황에 따라서 유연하게 변화 가능해야 한다.

과 똑같이 할 필요는 없으나 거실과 식당공간의 통합 또한 가능한 형태가 되도록 한다. 사실 요즘은 보이지 않는 주방이 많이 등장하고 있으나, 주방은 무엇보다 실용적으로 디자인되어야 한다. 가치에 대한 척도로 심미성은 기능성과 함께 중요시되는 요건이다. 이렇게 개방된 거실공간에서 주방은 식당과도 통합될 수 있다. 식사공간은 스툴과 카운터 또는 높은 테이블을 사용하여 주방의 한쪽에 놓여질 수도 있다.

식당은 상황에 따라서 기본적으로 식사공간, 그리고 부수적으로 학습이나 작업공간으로 활용되어 두 배의 기능을 수행할 수도 있다. 거실 또한 다양한 활동들을 수행할 수 있는 다목적 공간으로 구체화되는

원룸 컨셉은 작은 평수의 아파트나 오피스텔과 같은 작은 공간들의 디자인 철학을 담고 있다.

경향이 있다.

원룸 컨셉은 작은 평수의 아파트나 오피스텔과 같은 작은 공간들의 디자인 철학을 담고 있다. 이런 경우는 아이들의 공부방이 때로 휴식 공간이나 손님방으로 사용되는 것과 같음을 말한다. 이 원룸 철학은 지금까지 언급했던 기술적 요소들을 가지고 독립적으로 구획되어 이루어지는 다목적 개방공간을 착상할 수 있도록 한다. 작업을 효율적으로 수행하기 위해서 이 공간들은 가능한 한 적합하게 적용될 수 있는 기술들을 요구한다. 벽의 색채, 바닥재와 카펫은 기능과 분위기를 구획할 수 있다. 높이가 있는 가구들은 시각적으로 연속성을 차단할 뿐만 아니라 균형잡힌 다른 구성과 조화되기보다는 작은 공간을 오히려 혼란스럽게 보이게 하는 단점을 가지고 있다. 미닫이문, 커튼과

일반적으로 주방, 식당, 그리고 침실까지도 이 공간 안에서는 개방적으로 나누어지게 된다. 그러나 종종 욕실만이 예외적으로 이 전체 개방공간에서 분리되어 특별한 취급을 받는다.

스크린은 이 공간에서 항상 고려되어야 할 요소이다. 가구 또한 다른 작업들을 수용할 수 있어야 한다. 높이조절이 가능하거나, 접거나 펼 수 있는 테이블은 공간의 유연성을 향상시키며, 책 선반과 암체어, 그리고 소파베드도 필요할 것이다. 영역을 구분할 수 있는 또 다른 방법은 자연광 부족으로 낮시간 동안에도 켜 두어야 하는 인공조명을 이용하는 것이다.

chapter 04

주거공간의 구성요소와 재료

주거공간의 구성요소와 재료

chapter 04

1. 가구

가구는 인간의 휴식, 작업, 취침, 수납 등과 관련하여 보다 편리하고 능률적이며 편안한 생활을 위해 만들어진다. 이것은 가구의 가장 1차적인 목적인 인간공학적 측면을 고려한 것이며, 가구는 이 목적을 바탕으로 인간이 사용하기에 편리하도록 설계되어야 한다. 가구의 2차적인 목적으로는 가구가 하나의 조형요소로 자리잡는 것이다. 특히 현대의 가구디자인은 기능적 요소를 충족시키는 동시에 미적인 요소를 기능적인 요소보다 더 강조하는 경향을 보이기도 한다.

1.1 가구의 종류

— 기능별 분류

① **휴식용 가구** 인체계 가구

휴식을 위한 가구는 사람의 몸을 편하게 지탱하여 피로를 회복시키는 가구이다. 휴식용 가구들은 인체와의 접촉면이 많기 때문에 인체계 가구라고도 하며 의자, 소파, 침대 등이 이에 속한다. 이 가구들을 제작할 때에는 인체와의 촉감, 쿠션, 각도, 높이 등의 요소를 가장 중요하게 고려해야 한다.

② **작업용 가구** 준인체계 가구

작업용 가구는 여러 가지 작업을 위한 가구로 사무용 의자, 책상용 의자, 작업테이블, 사이드테이블, 싱크대 등이 있으며 휴식용 가구보다 인체에 닿는 면이 적지만 인체공학적 치수에 맞추어 작업이 편리하도록 높이, 넓이, 재질 등을 고려해야 한다.

③ **수납용 가구**건축계 가구

수납용 가구는 생활에 필요한 물건을 보존 · 보관하고, 정리하는 것을 목적으로 하는 가구이다. 이 수납용 가구는 인체와의 접촉보다는 건물의 조건에 맞추어 설정되었기 때문에 건축계 가구라고도 한다. 수납 가구는 크게 구조에 따라 궤chest, 이동 가구, 붙박이 가구, 칸막이 가구로 나뉘며, 용도에 따라 장롱, 옷장, 서랍장, 장식장, 문갑 등으로 구분한다.

— 시스템별 분류

이동식 가구

① **이동식 가구**

가장 일반적인 가구의 형태로 공간이나 생활의 필요에 따라 자유롭게 이동, 배치할 수 있는 가구이다. 이동식 가구는 개별 가구로 이루어지며, 우리나라의 경우 특히 이동식 가구가 많이 사용되어 왔으나 부피가 큰 가구들은 이동하기 어려운 단점이 있기 때문에 최근에는 붙박이 가구나 시스템 가구 등이 많이 사용되고 있다.

붙박이 가구

② **붙박이 가구**

붙박이 가구는 건물에 고정된 가구로 빌트 인 퍼니처built-in furniture라고도 한다. 건축물의 설계 단계에서부터 계획되어 건물의 시공과 함께 설치되어야 하며, 설치 후에는 이동이 불가능하다. 주로 부피가 큰 옷장이나 수납장 등이 붙박이 가구로 제작되며, 바닥부터 천장까지의 공간을 최대한으로 활용할 수 있으므로 수납의 효과가 크다.

③ **조립식 가구**

조립식 가구는 일정한 모습을 적용하여 유닛unit화시킨 가구로 필요에 의해 현장에서 직접 조립과 해체가 가능하고 취향에 따라 형태와 크기를 조절하여 개성 있는 가구를 만들 수 있다. 특히 주거의 이동이 잦고, 취향이 강한 20~30대 연령에 적합한 가구이다.

④ **시스템 가구**

규격화된 표준 치수별로 모듈화된 각 단위요소가 조합되어 전체를 구성함으로써 다양한 크기와 형태를 간편하고 경제적으로 만들 수 있는 가구 유형이다. 공간을 구획 혹은 재구성하는 수납벽, 사무공간의 워크스테이션work station, 그리고 주방의 작업 및 수납 가구 등이 이에 속한다. 단위 가구unit furniture, 모듈러 가구modular furniture 등은 모두 시스템 가구와 동일 개념의 가구 유형이다.

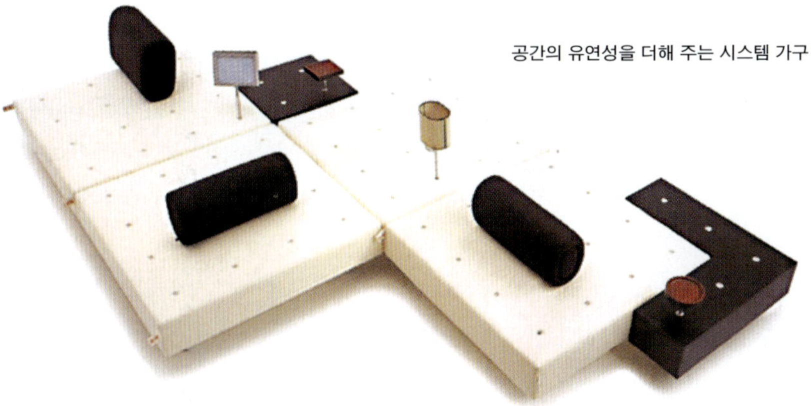

공간의 유연성을 더해 주는 시스템 가구

1.2 가구의 양식

가구는 생활 양식이나 문화의 차이에서 다른 양식이나 스타일을 발전시켰다. 특히 의자, 침대를 중심으로 한 입식 생활 양식이 발전해 온 서양에서는 가구와의 결속이 강하여, 다양한 가구가 생겨나고 있다. 오늘날 가구의 대부분은 서양 가구를 가리키며, 한국 가구는 전통 공예가구로 구별하고 있다.

여러 종류의 다양한 양식을 살펴보는 것은 거주자가 원하는 분위기에 적합한 가구 선택에 도움을 줄 것이다.

— 바로크 양식

바로크 양식은 시간적으로 르네상스의 연속이지만 사상적으로는 대립적인 입장이었다. 르네상스가 이지적인 성격이라면 바로크는 열정적인 성격을 띄었고, 르네상스시대의 정연하고 단정한 것이 비정연하고 유동적인 형식으로 변해갔다.

바로크 양식의 가구는 직선과 곡선의 조화된 구성에 의해 장중하면서도 사치스러울 정도로 장식적인 특징이 있다. 흔히 모서리는 둥글게 처리되어 있거나 조각되어 있다. 이것은 17세기말부터 18세기 초까지 유럽에서 유행하였다.

프랑스 저택의 바로크 양식 가구

— 영국의 앤 여왕시대1702~1714

초기의 앤 여왕시대에는 곡선이 가구장식에 도입되고, 옻칠이 발달하였으며, 절제되고 우아한 가구 스타일로 주로 월넛을 많이 사용하였다. 의자 등받이의 어깨가 닿는 부분이 구부러지고, 좌판의 모서리는 둥근 곡선으로 처리되었으며 짐승의 발 형태를 모방한 카브리올cabriole 다리를 가진 것이 이 양식 의자의 특징이다. 그러나 당시에 동양의 가구에서 전래 받은 다른 가구 디자인보다 단순한 형태를 나타내고 있다.

영국의 초기 로코코 양식의 특성이 잘 나타나 있는 앤 여왕 양식의 의자

— 영국의 초기 조지안Georgian시대1714~1750

마호가니 나무의 시대라고 일컬어지고, 곡선장식이 지속적으로 사용되어 온 치펜데일Chippendale의 가구가 등장하게 된다. 초기 조지안시대 가구의 특징은 앤 여왕시대보다 더욱 중후해지고 다리 상단부분에 사자머리lion-mask가 많이 사용되었다.

1727년 치펜데일 가家의 가구디자인 특징은 구조와 비율에 있어서 장중하고 내구성이 뛰어나다는 점과 여러 가지 양식 중에서 장점만을 골라 형태와 장식을 조화롭게 적용했다는 데 있다. 특히 의자가 뛰어난 것으로 알려져 있다.

치펜데일 양식의 가구

— 로코코 양식1715~1775

프랑스의 로코코 양식은 루이 14세 시대의 격식을 중시하는 형식에서 벗어나 자유스러운 생활을 하려는 루이 15세 양식으로서 곡선의 실루엣과 비대칭적인 모양이 특징이다. 바로크 양식에서 변형된 스타일로서 바로크보다 좀 더 밝고 환상적이며 기교스러운 느낌을 준다. 따라서 바로크 양식이 동적이고 남성적인 반면, 로코코 양식은 우아하고 여성적이다.

로코코 양식의 가구

로코코 양식은 기술과 안정성에 있어서 거의 완벽에 도달해 있었으며, 인체의 치수를 고려하여 디자인되었다. 따라서 가구의 형태는 바로크와는 달리 과장되어 있지 않다. 장식에는 상감세공 장식인 마어키트리와 금속 장식인 올모루가 성행하였으며, 특히 중국의 옻칠기법에서 영향을 받은 옻칠가구가 유행하였다. 가구의 다리는 상부에서 하부에 이르기까지 끊어지는 부분 없이 흐르는 하나의 선으로 나타난다. 이러한 연결성은 가구의 전체적인 형태와 조화를 이루도록 디자인되었다. 로코코의 곡선형 다리는 산양의 발굽형태인 카브리올 대신에 개나 고양이의 발모양으로 디자인한 다리를 적용시키고 있다. 따라서 때로는 조개나 화석, 그리고 꽃과 같은 장식물들이 서로 부조화스럽기도 하다.

신고전 양식의 가구

— 신고전주의 18C~19C

신고전주의는 바로크, 로코코에 대한 반동으로 순수하고 본질적인 조형미를 지향하는 방향에서 움직이기 시작하여, 그 이상을 고전의 부활에서 구하고자 하였다. 이리하여 이탈리아, 그리스, 이집트의 양식에 대한 관심이 증가되고, 유럽 각국 상호간에 양식의 연결이 밀접하게 됨으로써 새로운 양식의 탄생을 유도하게 되었다. 신고전주의 가구는 단순하고 기하학적인 형태로 이루어져 있으며, 장식은 모두 고전적인 모티브로 디자인되었다. 이러한 고전적인 모티브들은 기둥이나 화관, 그리고 마스크 등에 모방되어 사용되었다. 이 스타일의 가구는 우아함과 경쾌한 표현으로 유명하며, 대칭, 가벼운 터치의 반복, 그리고 곧은 선이 특징이다.

쉐라톤 양식의 장식장

아담스는 신고전주의 양식의 대표적인 이론가였다. 그의 디자인은 헤플화이트Hepplewhite, 쉐라톤Sheraton과 함께 잘 알려져 있다. 헤플화이트는 1760년부터 런던에서 만들어지기 시작하여 단조롭고 우아하며 효용성 있는 가구로 유명하다. 의자의 지주가 높고 가늘며, 의자의 등판 형태로 방패형, 낙타형, 타원형, 심장형, 차륜형 등이 있다. 쉐라톤은 헤플화이트와 유사한 점이 많지만 곡선보다는 직선을 많이 썼으며, 규격이 적어 화장실이나 부녀자들의 방에 많이 사용되었다.

— 루이 16세 양식

루이 16세 양식은 루이 15세 양식과는 대조적으로 곧은 직선이 특징이다. 의자 등받이는 타원형이고, 다리는 곧고 얇으며 둥근 세로모양의 홈이 파져 있다. 이 시대에는 상감세공, 이국적인 목재, 그리고 래커의 사용이 유행했으며, 도금된 가구 또한 성행했다. 루이 16세 양식은 신고전주의 운동의 일부로서 주로 루이 16세 왕의 통치기간 중에 활발히 성행되었고, 프랑스혁명으로 인해 끝이 났다.

전형적인 루이 16세 양식의 의자

— 리젠시 양식1790~1830

리젠시 양식은 영국의 웨일즈 왕자 통치기간1811~1820 중에 생겨난 가구 양식을 지칭하는 말로서, 이 용어는 1790년부터 1830년 기간 동안의 가구 양식에도 적용된다. 고전주의의 영향을 받았으며, 신고전주의보다 절제되어 있고 무거운 느낌을 준다. 로마와 그리스, 그리고 고대 이집트로부터 내려온 장식적인 모티브들을 갖고 있는 것이 특징이다. 리젠시 양식의 주요 디자이너들로는 토마스 호프Tomas Hope, 조지 스미스George Smith, 그리고 헨리 홀랜드Henry Holland 등이 있다.

리젠시 양식의 콘솔

— 엠파이어 양식1804~1815

프랑스 혁명 후, 나폴레옹이 권력을 잡은 시기1804~1815에 발생하여 전개된 엠파이어 양식은 프랑스식 리젠시 양식이다. 새로 왕위에 오른 나폴레옹이 영화를 과시하기 위해 고전주의를 기초로 고대 로마의 양식을 복고적으로 모방하였

엠파이어 양식의 침대

빅토리아 양식의 접이식 의자

필립 웨브가 1862년경에 모리스사(社)를 위해 디자인한 고딕 형식의 식탁

으며, 그 위에 고대 이집트의 장식적 모티브를 가미하였다.

주로 마호가니의 갈색, 청동 철물의 색, 붉은 천을 사용한 색채가 많으며 깔끔한 선과 최소한의 장식, 조각 대신 상감세공을 한 것이 특징이다.

— 빅토리아 양식

영국의 가구디자인이 쇠퇴하기 시작한 시대로 로마, 르네상스, 루이 14세부터 16세 등 각 시대의 양식을 무작정 도입하여 가구에 적용했으며, 산업혁명에 의해 대량생산된 후 가구양식은 전통미를 잃고 품질이 저하되었다. 그러나 17세기 중엽에 들어와서 호일이나 스프링이 의자 및 침대에 사용되어 가구의 기능은 현저하게 향상되었다.

— 미술공예 양식Arts and crafts

19세기 말 산업혁명에 따른 기계생산으로 인류는 많은 제품을 대량생산하게 되었으나, 수공품의 수요가 줄어들고 품질이 조잡한 기계생산 모조품이 범람하자 가구는 그 전통성을 잃고 혼란기에 들어가게 되었다. 이에 대한 대응으로 영국의 윌리엄 모리스1834-1896는 제품의 질을 회복하고자 실용적, 장인적 정교함을 바탕으로 전통적 기법이 다시 유행하도록 하였다. 이러한 가구는 직선적이며 불필요한 장식이 배제된 간소한 형태를 가지고 있고, 표면장식은 자연의 풀과 꽃으로 디자인된 것이 많았다.

— 토넷Thonet 양식

19세기 후반 오스트리아 디자이너 마이클 토넷은 곡선 모양의 목재 가구를 생산했을 뿐만 아니라 가구의 요소를 가지고 다양하게 배치하여 생산하는 방법 또한 생각해냈다. 유럽과 미국 등지에서 제작된 그의 의자들은 오늘날까지도 그 가치를 인정받고 있다.

마이클 토넷과 그의 아들이 런던 만국산업박람회 때 수정궁에서 보여준 가구(1851년)

마이클 토넷이 제작한 등받이 의자(1860년)

— 아르누보 양식

20세기 초에 시작된 프랑스 양식으로서 고대 장식형태를 혁신적으로 해석한 것이 특징이다. 꽃장식이 두드러지며 자연의 형태를 많이 참조하였다. 이 양식이 프랑스에서 발생하는 동안 남부 경계지역에서

액토르 기마르가 디자인한 아르누보 양식의 가구

매킨토시가 디자인한 힐 하우스의 입구부분(1902~1903년)

는 카탈로니아 모더니즘과 곡선의 굽은 형태들이 유행했다. 물론 두 양식은 미학적으로 차이가 있다. 또한 영국 스코틀랜드 지방의 찰스 레니 매킨토시Charles Rennie Mackintosh는 직선구성과 기하학적인 가구형태에 우아한 곡선으로 구성된 장식과 조화의 가구로, 그리고 스페인의 안토니오 가우디Antonio Gaudi는 유기적인 곡선과 환상적인 조각형태로 유명하다.

— 20세기 디자이너들의 양식

찰스와 레이 임스가 유기적인 이미지로 디자인한 안락의자(1948년)

20세기 전반에 걸쳐 여러 건축가와 디자이너들은 지금까지도 예술작품으로서 평가받는 가치 있는 가구들을 생산해냈다.

미국 디자이너인 찰스 임스는 대량생산용 의자와 가죽 안락의자의 아름다움과 안락함, 그리고 그 섬세함으로 유명하다. 프랑스 건축가인 르 코르뷔지에Le Corbusier는 가구를 실내에 비치하는 도구로서가 아니고 오히려 실내공간 구성의 설비

르 코르뷔지에가 1927년에 디자인한 그랜드 컨포트 의자

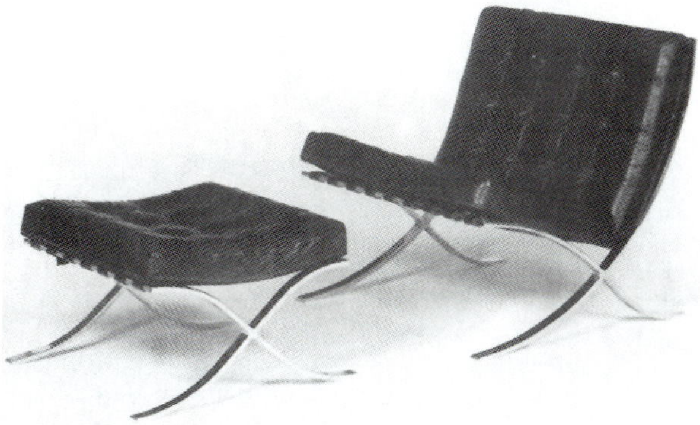

미스 반 데어 로에의 바르셀로나 의자와 스툴(1929년)

알바르 알토가 디자인한 의자(1930년)

요소로 보고 디자인하였다. 독일의 조형학교 바우하우스의 교수였던 미스 반 데어 로에는 그 유명한 바르셀로나Barcelona 안락의자를 디자인했으며, 핀란드의 건축가 알바르 알토Alvar Alto는 등받이가 휘어진 성형합판 의자를 만들어냈다. 아르네 야곱센Arne Jacobsen, 마르셀 브로이어Marcel Breuer, 그리고 칼 제이콥스Carl Jacobs 또한 이 시대의 대표적인 디자이너들이다.

1.3 한국의 전통가구

— 안방가구

안방은 조선시대 여성 전용의 밀실이자 가족들의 의식주를 담당하는 곳이었으며, 그곳에 비치된 가구들은 여성용 필수품과 일상도구들로서 정적인 멋을 담고 있다. 중류 이상의 주거공간을 보면 아랫목에 보료를 깔고, 벽을 따라 애기장버선장과 문갑이 위치하며, 문갑 위에는

문갑

반닫이

빗접

경대나 애완품이 놓이게 된다. 웃목에는 사방탁자 혹은 반닫이가 놓인다. 장이나 농같이 큰 규모의 의류 수장구는 주로 안방과 연결되는 웃방에 두고 그 위에 궤나 함을 올려 놓는다.

안방가구의 종류로는 수납가구로서 장, 농, 반닫이가 있고, 장식용 가구로는 문갑, 사방탁자, 장탁자長卓子가 있으며, 기타 소품으로는 경대, 빗접, 함궤, 반짇고리, 등촉구燈燭具 등이 있다. 이것을 방청용기房廳用器라고도 한다.

— 사랑방가구

조선시대 남성들을 위한 장소로 사랑방은 명나라에서 보편화되었던 시풍詩風의 영향을 받아 풍류를 위한 장소로 사용되면서 문방가구 및 서책 등을 보관하며, 취미를 즐길 수 있는 곳이었다. 용기容器가 없는 방을 최고로 삼았기 때문에 사랑방에 놓이는 가구들은 주로 문장구나 서책을 보관하는 가구가 대부분을 차지하였다. 사랑방가구의 종류로는 수납가구로 의걸이장依巨里欌, 서장書欌, 경축장經竺欌이 있으며, 문방가구로 문갑, 탁자류, 서안書案, 연상硯床이 있고, 기타 소품으로 고비, 함 등이 있다. 이것을 통틀어 제중용기齊中用器라고도 한다.

의걸이장

4층사방탁자

서안

— 주방가구

대부분 여성들의 생활장소인 주방은 주택 내에서 가장 소홀하게 취급되었던 공간이기 때문에 노동의 불합리를 가져왔다. 음식을 만들고 치우는 일 외의 작업들은 모두 다른 장소에서 이루어졌으며, 그에 따라 음식물을 운반하는 가구와 다른 곳에서 음식을 보관하는 가구가 발달하였다. 찬장, 찬탁자饌卓子 등은 찬마루나 찬방에 두었고, 곡물을 보관하는 뒤주斗廚는 대청마루에 보관하여 소중히 여겼다. 주방가구를 주중잡물廚中雜物이라고 했는데, 종류로는 수납가구에 찬장, 찬탁자, 뒤주, 곡갑穀匣, 찬합, 주병이 있고 목기류에는 소반 등이 있다.

이층찬장

삼층찬탁

뒤주

1.4 여러 가지 양식을 조합하는 방법

가구를 다룰 때는 개별적인 가구의 특성보다는 전체적인 조화를 고려해야 한다. 한 가지 스타일로 앤틱가구를 배치하는 것이 쉽기는 하지만, 여러 가지 양식이 조화를 이룰 수 있는 방법과 실용성 및 필요 요건도 함께 고려해야 한다. 대부분 새 것으로 장식하는 것을 선호하는 편이지만, 새 가구를 구입하기 전에 이미 가지고 있는 것을 어떻게 활용할 수 있는가를 먼저 생각해 보도록 한다. 만일 너무 낡았거나 멋이 없다면 그 가구의 외관을 복구하거나 개조할 수 있다. 디자인이란 단지 낡은 것을 버리고 새 것을 사들이는 것을 말하는 것이 아니다. 물론 새 가구가 분명 더 좋아 보일 수도 있지만 중고시장이

여러 가지 스타일을 혼합해도 멋스러운 경우가 있지만 항상 그것을 적절하게 통일감을 주어 조화시키도록 한다.

나 앤틱가구 제작자들을 통해서 찾아본다면 주거공간에 변화를 줄 수 있는 가구들을 발견할 수 있다. 그러나 항상 염두에 두어야 할 것은 옛 가구는 새 디자인보다는 개성이 있고, 주택의 분위기를 창출해낼 수 있는 영감 있는 소재가 될 수 있는 것이어야 한다는 것이다.

앤틱가구는 방의 중심적인 특징이 될 만큼 흥미로울 수 있지만 여러 가지 양식의 앤틱가구들을 마구 섞어 놓지 않도록 주의해야 한다. 여러 가지 양식을 혼합해도 멋스러운 경우가 있지만 항상 적절하게 통일감을 주어 조화시키도록 한다. 그렇지 않다면 공간이 마치 앤틱가구 전시장처럼 보일 수 있기 때문이다. 일단 한 가지 앤틱가구로 특징을 잡았다면 다른 것들이 두드러져서는 안 되며, 방이 좀 크다면 지나치지 않은 선에서 둘 또는 세 개의 다른 양식의 앤틱가구를 둘 수도 있다.

* Design Hint

도움이 되는 디자인 힌트

① 만일 방에 특별한 앤틱가구가 하나 있다면 그것을 중심으로 나머지 부분을 설계하는 것이 좋다.

② 앤틱가구에 복원, 스트립핑, 페인팅을 함으로써 새롭게 개조할 수 있다.

③ 의자 또는 소파 등에 천을 덮어씌우는 것은 가구를 개조하는 경제적인 방법이다.

④ 작고 다기능적인 공간에는 바퀴가 달린 이동 가능한 가구나 접을 수 있는 의자 및 테이블이 이상적이다.

⑤ 가구는 공간분할을 위해 전략적으로 사용될 수도 있고, 다른 분위기를 창출해낼 수도 있다.

⑥ 다른 공간과의 통일감을 위해 가구를 사용할 수 있다.

2. 바닥

차갑고 습한 대지로부터 실내를 차단시키고, 공간을 이루는 벽을 지탱하여 사람들의 생활이 이루어지게 하는 것이 바닥의 역할이다. 바닥은 벽뿐만 아니라 가구, 기물, 칸막이 등이 놓이게 되는 곳이며, 벽이나 천장과는 달리 우리의 몸과 직접 접촉하는 곳으로서, 특히 좌식 생활을 하는 우리나라에서는 그 촉감이 상당히 중요한 부분이 된다. 바닥은 특성상 수평을 유지하는 곳이 바람직하며, 바닥 차이의 유무는 바닥의 특성을 결정짓는 중요한 요소이다.

레벨level의 차이가 있는 바닥은 면적이 넓은 공간에 적합하다. 이 경우에는 벽이나 칸막이가 없이도 심리적으로 공간을 구분하는 역할을 하고 변화를 줄 수 있다. 이러한 경우는 서로 성격이 비슷한 공간인 거실, 식당, 부엌을 계획할 때 응용하면 흥미있는 공간을 만들 수 있다. 그러나 바닥의 차이를 예상치 못한 위치에 두거나, 높이를 적절히 유지시키지 못하면 위험이 따르므로 주의해야 한다. 바닥의 차이가 없는 경우에는 공간에 연속성을 주어 바닥의 차이가 있는 경우 보다 더 넓어 보이도록 한다.

2.1 바닥재

바닥재를 결정하는 요인과 벽마감재를 결정하는 요인은 서로 유사점이 많다. 그러나 바닥재는 벽마감재에 비해 상대적으로 표면적은 적지만 실용성을 더 중시해야 한다. 그러므로 무엇보다 공간의 용도에 따라 바닥재를 선택하도록 한다. 만일 사람들이 많이 걸어 다니는 장소라면 내구성이 좋은 자재를 사용해야 한다. 바닥재가 가지고 있는 고유의 온도는 방의 분위기에 따라 고려되는 요소이다. 목재보드는 맨발에 닿는 느낌이 좋아 침실에 자주 사용된다. 그러나 카펫이나 바닥 밑에 난방시설을 한 타일도 기분 좋은 느낌을 준다. 바닥재를 선택할 때에는 항상 샘플을 가지고 벽마감재와의 조화와 공간 전체의 분위기를 예측하며 결정하도록 한다.

적합한 바닥재의 선택이 쉽지는 않지만 일반 시중에는 여러 가지 용도를 가진 다양한 바닥재의 종류들이 있으므로 실용성과 예산, 그리고 원하는 분위기를 함께 고려하여 구입하도록 한다. 바닥재를 선택할 때 염두에 두어야 할 것은 다른 여러 가지 재료들도 결국에는 어느 시점에서 서로 만나게 될 것이고, 이것은 해결하기가 좀 까다로운 작업이다. 그러므로 현관이나 복도에 너무 많은 이음매를 두지 않도록 한다. 볼품없는 이음매 문제의 해결책은 바닥재를 결정할 때 함께 고려해야 할 사항이다.

— 나무 바닥재

목재는 나무 자체가 주는 온화함과 자연적 질감을 느낄 수 있으므로 오래 전부터 주택에 많이 사용되어 온 재료이다. 순수 원목과 합판, 집성목 위에 코팅한 제품 및 코르크재 등이 있다. 최근 목재기술의 발달로 목재의 변형이 일어나지 않고, 내구성도 우수한 다양한 제품들이 생산되고 있다. 또 열전도율이 높은 온돌용 마루재도 개발되어 특성에 맞는 다양한 시공이 가능하게 되었다. 현대식 마루판은 크게 타일 타입의 파켓parquet과 쪽마루 타입의 플로어링 보드floor boards, 그리고 모자이크mosaic로 분류된다. 파켓과 모자이크는 소폭판으로 되어 있어서 다양한 패턴 연출이 가능하고 방에 친밀한 느낌을 주며, 플로어링 보드는 길이방향을 사용하는 경우, 직선 효과가 있어 공간을 더 넓어 보이게 한다.

순수 원목은 실제 나무에서 베어내서 사용하지만, 기술이 발달함에 따라 베니어의 얇은 층을 붙여서 만든 합판과 같은 목재들도 생겨났다. 합판은 섬유방향이 직각이 되도록 3, 5, 7, 9 등의 홀수 겹으로 겹쳐 붙여서 구성되며, 이 각 층은 다른 종류의 나무들로 사용된다. 그리고 여기에 합성수지가 나무를 보호하기 위해 더해진다. 다른 선택 사양으로 PBparticle board와 MDFmedium density fiber가 있다. 이것은 나무토막과 대팻밥, 파편들을 모두 붙여서 만들어진다.

섬유판은 초목의 섬유를 원료로 하여 펄프로 만들고 이를 접착제, 방수제와 혼합하여 가압, 탈수, 성형, 건조시켜 만든 패널이다. 연질 및 경질 섬유판이 있는데, 경질이나 반경질 섬유판이 실내의 벽이나 천장재, 그리고 두꺼운 바닥재로 사용된다. 오늘날 합판, 섬유판, 그리고 PB는 점점 더 많이 사용되고 있으며 원목처럼 광택도 있다.

천연원목 바닥재

방에 목재를 사용하려면 목재를 다루는 방법에 따라 선택사양이 한정된다. 디자인을 시작하기에 앞서, 작은 견본들을 가지고 여러 다른 마감처리 방법을 시도해 보아야 한다. 목재는 래커lacquer칠로 마감될 수도 있고, 오일로 보호할 수도 있으며, 페인트를 칠하거나 니스칠을 하여 광택을 내거나 착색할 수도 있다. 이러한 광택이나 착색을 통해서도 나무의 기본색이 나타난다. 나무는 그 기본 성질상 조심해서 다루어야 한다. 태양은 색을 바래게 하므로 직사광선에 노출시키지 않도록 하며 무거운 가구를 바닥의 일정부분에 오랫동안 놓으면 홈이 파일 수 있으므로 무게를 분산시키도록 해야 한다.

나무의 바닥표면은 완전히 딱딱하지도 않고 그렇다고 완전히 유연하지도 않은 특성을 가지고 있으며 소리를 흡수하여 방음효과도 있다. 그러나 동시에 삐걱거리는 나무의 고유한 소음을 발생시킨다. 하지만 나무 위에 소리를 흡수하는 카펫을 깔고 그 밑에 펠트층을 깔면 이러한 문제를 해결할 수 있다. 현관에 사용된 나무바닥재는 도어매트를 깔아서 나무의 광택에 손상이 가지 않도록 하고, 보호성을 유지할 수 있도록 광택제를 정기적으로 칠해 준다.

주방이나 욕실에서 사용되는 목재의 결점이라면 더러움과 습기를 피하기 위해 별도의 노력이 요구된다는 것이다. 그러나 어떤 나무는 우

소나무 수종의 강화마루

하드우드 바닥재

리가 생각하는 것보다 훨씬 단단하다. 열대지방의 목재인 티크는 물에도 잘 견디며 표면을 데크 오일로 칠하게 되면 세월이 지남에 따라 아름다운 오렌지 광택을 낸다.

목재는 시간이 지남에 따라 쉽게 구부러지거나 변하지 않도록 하기 위해 완전히 건조된 후, 가공된 상태에서 판매된다. 그러나 욕실이나 주방에 설치하는 경우에는 시공하기 전에 그 공간에 며칠 정도 두어야 한다. 이렇게 하면 나무가 그 공간의 환경에 적응하게 되어 나중에 오그라들거나 팽창되거나 또는 틈이 벌어지는 것을 방지할 수 있다.

나무가 어떤 모양으로 보이느냐는 그것을 어떻게 자르느냐에 달려 있다. 비록 나뭇결방향으로 자르는 것이 더 균일한 처리를 하는 것이지만 나뭇결과 반대방향으로 자르면 나뭇결방향으로 잘랐을 때 보다 더 단단해 질 수 있다. 각 나무판의 견고함은 무게가 어느 쪽으로 실리느냐에 달려 있다. 보드는 축을 따라 있을 때 가장 단단하다. 휘어지는 경우에는 나뭇결과 직각이 되게 하는 것이 가장 단단하다. 가장 저렴하고 대중적인 목재는 나무를 직선으로 톱질한 것이다. 그러나 이러한 나무는 질이 떨어지고 오래 가지 못하는 단점이 있다.

밀도도 나무를 선택하는 과정에서 또 다른 변수이다. 밀도가 높을수록 잘 닳지 않고 오래간다. 가장 많이 사용되는 나무는 두 그룹인데 오크나 월넛, 메이플과 같은 활엽수의 하드우드와 소나무나 전나무와 같은 침엽수의 소프트우드들이다. 하드우드로 분류된 나무들이 꼭 소프트우드보다 더 단단한 것은 아니다. 발사는 하드우드지만 실제로

무늬단판을 접착 시공한 위에 도장 처리한 합판마루

섬유판으로 마감된 바닥

가장 부드러운 나무 중의 하나이다. 하드우드와 소프트우드의 차이는 세포조직과 구조에 있다. 소프트우드가 더 싸고 풍부하며, 흔하다. 그러나 요즘에는 하드우드가 더 두드러져 목재시장에서 구입하기도 쉽고 다양한 질감과 모티브, 그리고 마감재를 가지고 있다.

나무바닥재로 소나무, 노송나무 등의 침엽수는 결이 없어서 좋고, 나무의 재질에 따라 개성 있는 바닥을 연출할 수 있는 너도밤나무, 오크목oak tree, 티크목, 물푸레나무ash tree, 단풍나무maple tree, 자작나무 등의 활엽수도 널리 사용되는 나무 종류이다.

Check Points • 체크포인트

① 목재의 종류를 고를 때는 목재의 기능과 목재가 쓰일 공간을 고려해서 선택할 것.

② 목재가 어떻게 설치될지 분석할 것.(디자인 및 분위기와 잘 어울려야 한다)

③ 길고, 넓은 나무바닥재가 더 적절함에도 불구하고, 넓은 공간을 장식하기에 적절치 못한 작은 사이즈의 바닥보드나 타일은 고르지 말 것.

④ 직사광선이나 습기가 있는 곳에 놓게 되면 보호제를 사용할 것.

⑤ 창출하고자 하는 분위기와 어울린다고 생각되는 목재를 벽과 바닥, 그리고 천장까지 남용하지 말 것.

⑥ 목재를 손상시킬 수 있는 조건이 있는 공간에 목재를 사용하지 말 것.

바닥이 파켓으로 처리된 공간

① **파켓**Parquet

파켓은 다양한 패턴과 컬러를 활용하여 원하는 패턴디자인으로 미적인 감각을 살린 공간을 연출할 수 있기 때문에 주거공간을 비롯하여 호텔, 백화점, 사무실 등에 효과적으로 사용할 수 있다.

파켓은 심플라인으로 배치될 수도 있고 마름모꼴이나 다른 모티브로 좀 더 복잡하게 배치될 수도 있다. 최종적인 효과는 나무의 종류뿐만 아니라 목재 타일의 사이즈와 배열방식에도 의존하게 된다.

파켓의 시공은 본래 전문가를 필요로 하지만, 근래에는 간단한 집수리 기술만 가지고 있어도 시공할 수 있는 간편한 시스템을 DIY상점에서 구할 수 있다. 이러한 칩보드 파켓은 딱 들어 맞도록 되어 있어 미리 바닥 기초 공사를 해둘 필요가 없다. 하드우드가 주로 파켓용으로 사용되지만 때로는 소나무도 사용된다.

Check Points

• 체크포인트

① 욕실이나 주방에 파켓을 설치하려면 특수 오일로 관리할 것.

② 넓은 공간에는 길고 넓은 타일을 사용하고 아담한 공간에는 작은 타일을 사용할 것.

③ 각 타일 사이에 약간의 여유 공간을 두어 나무가 팽창할 때 발생하는 휨현상을 막도록 할 것.

④ 더러운 신발이나 딱딱한 구두 굽에 직접적으로 노출될 수 있는 공간에 파켓을 설치하지 말 것.

⑤ 지속적인 습기에 노출되는 바닥에 파켓을 사용하지 말 것.

⑥ 인구 순환이 잦은 곳에 파켓을 설치하지 말 것.(이미 깔려 있다면 러그로 보호하도록 한다)

② **플로어링 보드**flooring boards

플로어링 보드를 까는 과정은 파켓과 비슷하지만 결과는 매우 다르다. 플로어링 보드는 길이와 너비가 다양하고, 사이즈가 클수록 더 비싸다. 플로어링 보드의 두께는 6.5mm에서 26mm까지 있다. 판이 너무 얇은 경우, 윤기를 낼 때 얇은 층이 위로부터 떨어져 나가기 때문에 복구할 수 없다. 넓은 플로어링 보드는 심미성은 있으나 비좁은 공간에서는 적당하지 않을 수 있다. 조립식 플로어링 보드는 경제적이며 시공도 쉽다.

플로어링 보드로 깔린 거실공간

③ **모자이크**Mosaic

조각이 새겨진 작은 나무 타일로 그림을 만들어 낼 수도 있고, 장식을 할 수도 있다. 이런 것을 모자이크라고 하는데, 플로어링 보드보다는 덜 대중적이다. 보통 정사각형을 만들기 위해 4×4 조각들이 배열된다. 다른 나무 바닥재와 마찬가지로 사이즈와 두께가 다양하며, 본드나 나사를 포함한 여러 가지 접합방법을 이용하여 깔 수 있다.

모자이크 바닥재로 처리된 거실공간

— 하드 플로어Hard floors

견고하면서도 탄력 있고 오래 가는 재료들이 다양하게 사용되고 있으며, 이중벽돌, 세라믹, 타일, 그리고 대리석 등이 바닥용으로 적합하다. 그러나 최종적으로 재료 결정을 내리기 전에 몇 가지 요소들을 고려해야 한다.

하드 플로어Hard floors는 전문가에 의해 시공되어야 하고, 보통 미리 준비된 기초작업 위에서 작업이 이루어진다. 이렇게 되면 재료와 인건비를 둘 다 지불해야 하므로 비용이 높아지는 경향이 있다.

또 다른 고려사항은 이러한 바닥들은 차갑고 딱딱해서 맨발로 걸을 때 편안하지 않다는 것이다. 또한 소리를 흡수하지 못하고 반사하며 종종 소리를 확산시키기까지 한다. 마지막 단점은 너무 무거워서 오래된 건물의 보는 추가압력에 견디지 못할 수도 있다.

① **블록**Brick

블록은 나무나 돌과 마찬가지로 고대건축의 재료 중 하나이다. 블록은 전원적인 느낌을 주기 때문에 주로 산장이나 전원주택에 이상적이다. 바닥재로 사용하려면 1층에만 사용해야 하는데, 1층 이상에서 사용하기에는 하중이 너무 많이 나가는 재료이기 때문이다.

바닥재로 사용하는 블록은 건축산업용과 똑같지는 않다. 훨씬 더 높은 온도에서 구워져 더욱 탄력적이다. 블록의 두께는 제조자와 모델, 그리고 산지가 어디냐에 따라 다르다. 각각의 나라들은 고유의 블록양식을 가지고 있고, 블록을 까는 방법 또한 다르다. 그러므로 주택에서 특별한 지방의 멋을 느끼게 해줄 수 있는 장점도 있다. 블록의 마감이나 질감, 그리고 색조 또한 서양의 지역별로 다양하다. 수공artisanal 블록은 거의 다른 재료들이 만들어 낼 수 없는 산뜻하면서도 전원적인 느낌을 연출해 낼 수 있으나 시공하기는 다소 어렵다. 또 다른 장점 중 하나는 탄력성과 내구성이 높은 점이다. 물을 잘 흡수하지 않고, 충격과 오염에 강하며, 청소하기에도 용이하다. 바닥재는 방의 분위기를 안락하게 느끼게 하는데 있어 중요한 요소이다. 블록은 여름에는 시원하고, 겨울에는 열을 잘 보존해 준다. 그리고 바닥 밑에 난방시설을 하게 되면 아늑한 느낌을 더 들게 한다. 그러나 이렇게 장점이 많은 재료임에도 불구하고 시공하기 어렵다는 단점이 있다. 블록 사이의 모르타르를 제대로 바르고 표면을 평평하게 해야 바닥이 보기 좋으므로 전문가를 불러 시공하도록 하는 편이 낫다.

블록으로 마감된 거실공간

② **타일**Tiles

타일은 벽돌과 같은 점토 소성재로 까는 방법에 따라 다양한 패턴을 살릴 수 있다. 타일은 유지관리가 간편하고 청결한 느낌을 준다. 과거에는 욕실이나 주방 등 일부 공간에 제한적으로 사용되었지만 요즘에는 다양한 색상과 무늬, 공법에 의해 개발된 독특한 디자인으로 여러 곳에 사용된다. 미끄럼 방지가 필요하므로 마모계수가 높은 면의 표면은 요철이 있는 것을 사용한다. 클링커 타일과 논슬립 타일 등이 있다.

타일은 블록과 마찬가지로 천연재료로 만들어지기 때문에 시간이 지날수록 광택이 나는 질감을 가지며 따뜻한 느낌을 주지만 블록과는 달리 여러 색상이 조합될 수 있는 특징을 가지고 있다. 또한 차갑고 단단하기 때문에 침실바닥으로 사용하는 경우, 카펫이나 러그를 깔도록 한다.

작은 타일일수록 시공비가 올라가며, 깨지기 쉬운 특성 때문에 매우 주의해서 다루어야 하고, 만일 깨지거나 잘린 조각이 생기면 바로 교체해야 한다. 따라서 처음 시공할 때 여분의 타일을 미리 마련해 두어야 몇 년이 지난 다음에 필요할 경우 기존의 것과 잘 어울리도록 대체할 수 있다.

타일의 크기는 공간의 크기와 비례해야 한다. 작은 욕실을 큰 타일로 장식하면 그 빛을 잃을 수 있다. 반대로 넓은 공간에 작은 타일로 장식하면 지루한 반복처럼 느껴져서 시각적으로 흥미를 잃게 한다. 바닥타일은 특히 벽타일보다 무게에 더 잘 견뎌야 하므로 두꺼워야 한다. 가장 잘 알려진 타일은 세라믹, 테라코타, 무광택타일이다.

세라믹타일은 장석질을 많이 포함하기 때문에 흡수성이 거의 없고 투광성이 있으며, 단단하고 치밀하여 두

타일로 바닥이 마감된 침실공간

바닥타일

테라코타

무광택 바닥타일

드리면 금속성의 맑은 소리가 난다. 정제된 점토를 압축해서 만들어지며 탄력적이고 같은 컬러를 가진다. 광택타일의 어떤 모델은 연마제로 쓰이는 실리콘 카바이드로 제조된다. 미끄럼 방지가 처리된 부드러운 마감과 패턴 또는 홈이 있는 모델이 있다. 점토타일 중 특히 유약으로 마감된 타일은 일반적으로 깨끗하고 조화로운 마감성을 가지며, 특히 현대적인 공간에 적합하다. 그 질감과 패턴은 바닥에 생기와 흥미를 더해 준다.

테라코타(이탈리아어로 '구운 지구')는 다목적이면서 싸고 오래 간다. 테라코타 마감은 따뜻하고 자연스러워 보이는 질감을 가지고 있다. 테라코타의 색은 제조과정과 굽는 시간에 따라 다양하게 얻을 수 있다. 비용이 높으나 복구가 가능한 테라코타도 찾아볼 수 있다. 상당히 거칠고 기공이 많은 점토의 특성 때문에 테라코타는 전원주택이나 산장을 위해 이상적인 재료라고 할 수 있다. 점토를 구으면 흐린 황토색에서부터 적색까지 다양한 컬러가 나온다. 그러나 보통 유약을 바르지 않은 채 판매되고 있다. 고대에는 서양에서 지붕타일로도 사용되었으며, 20세기에 와서 그 미적 특성으로 인해 다시 흥미를 불러 일으켰다. 물기가 잘 스며들지 않기 때문에 어떤 것을 쏟아도 오염되지 않는다. 테라코타는 사이즈와 모양, 두께에 있어서 다양하며 패턴과 모티브에 따라서도 다르게 배열될 수 있다. 패턴을 직접 디자인해서 서로 다른 색으로 바닥에 어떤 특징을 더해 줄 수도 있다.

무광택타일은 실리콘이 풍부한 점토를 압축한 후 구워서 만든다. 탄력적이기는 하지만 시간이 지날수록 마감부분이 닳아서 그 광택이 현저하게 없어진다. 색의 범위는 테라코타와 비슷한데 자연스런 갈색에서부터 베이지와 붉은 색조까지 있고, 자연스러운 색조가 아름답다. 제조자들은 바다색과 같은 좀 더 어두운 톤을 얻기 위해서 염색을 하기도 한다. 무광택타일은 실내 · 외에 모두 적합하다. 왜냐하면 그 특성상 광택타일보다 덜 미끄럽기 때문이다.

채색타일은 그 이름을 그리스어인 '달구어 넣은burning in'에 어원을 두고 있으며 채색하여 작업된다. 물론 조금 비싸기는 하지만 모자이크나 모티브로 사용될 수 있다. 마감 상태는 광택이 없고 견고하지만 시간이 지남에 따라 변색하는 특성이 있어서 흰색과 같은 색은 누렇게 변한다. 이러한 변색을 막으려면 밀폐seal처리가 되어야 한다. 20세기 전반에 걸쳐 서양의 실내디자이너들 사이에서 상당히 인기가 있었다. 오래된 주택의 바닥에 이런 종류의 타일바닥을 복구하는 것은 확실히 주거공간에 건축적인 가치를 더해 준다. 물론 예산이 높아지기는 하지만 가능하다면 한 번 고려해 보는 것도 좋다.

Check Points • 체크포인트

① 테라코타가 더러워지지 않도록 하려면 물기가 스며들지 않도록 다룰 것.

② 샤워공간과 같이 물이 튈 수 있는 공간에는 연마용 타일abrasive tiles을 사용하도록 할 것.(후에 손상이 있을 때를 대비하여 수선용으로 타일의 여분을 보관하도록 한다)

③ 낡은 건물에 무거운 바닥재를 깔지 말 것.

④ 실외공간에 실내용 바닥을 깔지 말 것.(미끄럽고 손상이 갈 수 있음에도 불구하고 작은 공간에 큰 타일을 사용하거나 그 반대로 큰 공간에 작은 타일을 사용하지 말아야 한다)

③ 석재

석재는 목재보다 더 단단하고 차가운 느낌을 주는 바닥재이다. 석재는 오래 전부터 치장재와 구조재로 동시에 사용되어 왔으나, 현재에는 마감 붙임용으로 얇게 슬라이스된 형태가 보급되어 치장재로 많이 쓰이곤 한다. 또한 값이 비싼 재료로 거칠게 사용하거나 매끈하게 갈아서 사용하는데, 매끈하게 사용하면 화려한 느낌을 주고, 자연 그대로 사용하면 소박한 자연미를 느끼게 한다. 석재를 이용한 바닥은 차가운 느낌을 주기 때문에 더운 지방에서 사용하면 효과적이

천연돌로 마감된 바닥

다. 내장재에는 대리석, 화강암이 주로 쓰이고 이 밖에 사암, 응회암, 점판암 등이 있다.

천연석재가 주는 색채와 질감, 그리고 마감형식의 다채로움은 바닥뿐만 아니라 벽을 마감하는데 있어서도 많은 가능성을 열어 주었다. 거친 질감을 얻어내기는 어렵지만 광택이 있는 석재가 가장 일반적인 마감형식이다. 석재의 두께는 원하는 탄력성의 정도에 따라 다르다.

천연석재는 채석 지역에 따라 그 고유의 특성을 가지고 있으며, 어떤 암석으로부터 왔느냐에 따라 변성암, 퇴적암, 그리고 화성암의 세 그룹으로 나뉜다.

변성암은 고온과 고압에서 형성되므로 단단하다. 대리석이나 석판이 이 그룹에 속한다.

퇴적암은 퇴적물과 유기물로부터 형성되는데 탄력이 적고 마감상태에 결이 있다. 사암과 석회암이 이에 속하는 것으로서 건축에 널리 사용되고 있다.

마지막으로 화성암은 가장 오래된 것이다. 마감상태는 그 투명한 특성으로 인해 가장 빛이 난다. 화성암 중에서 가장 유명한 것이 화강암이다.

화강암은 석영, 장석, 운모 등으로 구성된 결정 암반으로 내구성이 크고 단단하므로 외장재에 많이 사용되며 내구성이 요구되는 바닥재로도 많이 쓰인다. 우리나라에서는 묘석과 뜰의 석탑 등에서 볼 수 있으며 친밀감을 주는 소재이다. 화강암의 색은 성분에 의해 달라지는데 짙은 녹색을 띠는 것은 검은 운모에 의한 것이며, 장석은 따뜻한 색조의 분홍색, 담황색, 붉은색, 갈색, 회색, 흰색을 나타낸다. 실내디자인에서는 테라조나 인조석의 혼합물이 가장 흔하게 사용된다. 그러나 물이 자주 튀면 미끄럽기 때문에 주방이나 화장실 용도로는 약간 거친 마감방식이 바람직하다.

석회암은 화강암보다 부드러운 톤으로 되어 있는데, 투명한 화강암보다 선명하지 않고 보다 더 어두운 톤도 찾아볼 수 있다. 석회암은 시간이 지날수록 더 빨리 닳고 화강암처럼 화학약품에 잘 견디지 못하며 덜 탄력적이지만 값이 싸다. 사암은 탄력성에 있어서 화강암과 석회암의 중간 정도이다.

유럽에서는 전 시대를 통해 많은 건물이 대리석으로 지어져 왔으며, 대리석은 가장 높이 인정받고 잘 알려진 돌이다. 최신 대리석은 다소 투명한 상태이며, 높은 광택을 가지고 있기도 하다. 대리석은 순백색에서부터 초록, 파랑, 그리고 분홍에서 검정에 이르기까지 다양한 색채범위를 가지고 있어서 각종 공간디자인에 응용할 수 있다. 이탈리아 대리석은 특히 귀하기 때문에 수입은 가능하지만 그 비용이 만만치 않다. 대리석의 순도는 불완전함과 그것이 포함하고 있는 다른 물질의 잔재를 말한다. 결이 없는 대리석이 가장 순수한 반면, 가장 비싼 것이 아니라는 점은 특이할 만한 일이다. 마치 멋진 남자의 얼굴에 있는 주름과 같이 대리석의 결 또한 그 위에 어떤 특성을 부여한다. 대리석의 마감방식은 다른 돌들의 마감방식과 비슷하다. 그러나 대리석을 지나치게 사용하면 공간이 너무 차가워 보일 수도 있다. 형상 치수로는 600×900mm(두께 30~40mm)의 것이 경제 치수로 되어 있으나, 보행이 많은 바닥에서는 450×600mm(두께 30~40mm) 이하로 많이 사용된다.

대리석으로 처리된 바닥

석판암은 점토와 혈암이 압력을 받아 형성된 가는 결의 돌로 산악지역에서 주로 채석되며, 까끌까끌하거나 광택이 있

실내공간의 바닥을 자갈로 처리한 것이 독특하다.

는 등 다양한 마감형식으로 얻어질 수 있다. 회색, 보라, 파랑, 그리고 빨간색과 같은 어두운 색조는 그 미묘함과 매혹적인 뉘앙스로 인해 많은 사람들에게 사랑을 받는다. 석판암은 대리석이나 화강암보다 저렴하고 불침투성이 있으며, 탄력적이고 다른 돌보다 관리를 덜 요구한다.

바닥재로 쓰이는 돌은 실외공간에 주로 사용되지만, 실내에서도 포석과 자갈이 사용될 수 있다. 인공석도 이용 가능하다. 인공석 중 어떤 것은 불규칙한 모양이 나도록 여러 다른 종류의 돌덩어리를 서로 혼합하여 만들어진 것도 있고, 동질의 마감방식을 가진 돌을 으깬 가루를 섞어서 만든 것도 있다.

콘크리트 또한 바닥재로 쓰일 수 있는데, 그 위에 페인트를 칠할 수도 있고 돌과 비슷한 마감 느낌을 주기 위해 다른 매체를 이용할 수도 있다. 물론 이러한 모방이 가능하지만 마감 자체가 인공적인 면을 감추지 못하고 극적이고 장식적인 효과를 추구하지 못한다면 결과가 평범해질 수 있으므로 이런 종류의 재료들은 사용상의 유의가 요구된다.

Check Points

• 체크포인트

① 구멍이 많은 돌의 오염을 피하려면 물이 잘 스며들지 않게 할 것.(물과 접촉되는 실외 또는 실내공간의 돌에는 미끄럼 방지를 위해서 마찰을 일으키기 쉬운 연마제를 사용하도록 할 것)

② 맨발로 걸어다니는 공간에 석재를 깔지 말 것.(석재는 너무 단단하고 차기 때문에 카펫이나 러그를 깔아 이러한 문제점들을 보완하도록 한다)

③ 주방이나 또는 비슷한 공간에 흰색 대리석을 사용하지 말 것.(대리석은 구멍이 많고 쉽게 오염되며, 한번 오염이 되면 닦아도 지저분하다)

④ 테라조Terrazo

테라조는 대리석이나 돌 조각에 흰색 시멘트를 섞어 견고하게 굳힌 후 기계로 갈아서 광택을 낸 인조석이다. 대리석을 종석으로 하는 경우에 테라조라 부르며, 그 외의 것을 모조석이라 한다. 탄력성과 내구성, 그리고 합리적인 가격과 마감상태의 질 때문에 널리 사용되고 있다. 그러나 균열이 생기기 쉬우므로 현장에서 금속선으로 줄눈을 구획하여 바르기도 하며, 공장의 제품은 금속선과 함께 시공되기도 한다. 대리석 조각과 안료의 색상에 따라 다양한 색조로 생산된다. 두께는 테라조 블록이 25~40mm, 테라조 타일이 18mm이다. 표면마감으로는 물갈기, 본갈기가 있다. 현대적 실내공간의 연출을 위해 기하학적 대칭 패턴도 사용 가능하다.

⑤ 모자이크 타일Mosaic tiles

모자이크 타일

모자이크 바닥은 주로 타일 안에 새겨진 작은 조각들로 장식적 패턴을 구성할 수 있다. 조각들의 작은 크기로 인해서 무한한 마감방식과 조합이 가능하며 우아한 패턴으로 디자인될 수 있는 것 또한 장점이다. 테세래 타일(라틴어로 '큐브 또는 다이스')은 대리석, 돌, 세라믹 또는 테라코타로 만들어지는데 그 모두가 조합 가능하다. 시공하는 데는 기술적인 통찰력이 필요하므로 전문가에게 맡겨야 한다. 비용이 싸지는 않지만 전문가들은 다른 장식과 조화를 이룰 수 있는 자연스럽고 통일된 바닥을 만들어 줄 것이다. 테세래 타일은 매우 작기 때문에 기초 바닥 상태가 상당히 중요하다. 마감상태는 고급스러워야 하고, 색조는 조각의 크기와 모양에 따라 적절한 것이어야 한다. 어두운 색조인 경우, 어두운 색조를 더욱 강화하여 보다 더 그래픽한 효과를 창출해 낼 수 있으며, 밝은 컬러는 격렬한 색을 보완해 줄 수 있다. 대부분

콘크리트 위에 페인트로 마감한 바닥

의 돌이나 대리석 바닥처럼 모자이크도 그 차갑고 단단한 외관으로 인해 주방이나 욕실에 주로 쓰인다.

⑥ 기타 바닥재

콘크리트나 금속 또는 크리스털과 같은 재료들은 주거공간의 마감용 바닥재로서 그리 많이 사용되지 않는다. 그리고 일반 사람들은 그 재료들이 어떤 특성을 제공하는지 잘 알지 못한다. 그러나 현대디자인에서는 이러한 재료가 오히려 미적인 면에서 타의 추종을 불허한다고 볼 수 있다. 콘크리트는 너무 산업적인 느낌을 주기 때문에 종종 꺼려 하지만 사실 이러한 생각들을 무의미하게 만드는 다양한 방식으로 콘크리트가 취급될 수도 있다. 페인트를 칠할 수도 있고, 회반죽을 바를 수도 있으며, 광택을 낼 수도 있고, 왁스칠을 할 수도 있다. 완성된 상태는 바닥재의 중요한 요구 조건인 잘 닳지 않고 매끄러운 특성을 가지고 있다.

알루미늄과 아연도금을 한 강철은 바닥재로 가장 많이 쓰이는 금속이다. 얇은 판 형태로 되어 있으며, 주로 미끄럼 방지를 위하여 기하학적인 홈이 있다. 알루미늄은 녹슬지 않기 때문에 욕실과 주방에서도 안전하게 사용된다. 얇은 판은 본드 칠을 해서 나무나 콘크리트로 만들어진 바닥 위에 고정되는데, 목재 바닥처리가 유연함과 보온성으로 인해 더 많이 권할 만하다.

크리스털은 사람의 상상력을 자극하지만 비용상의 이유로 잘 사용하지 않는다. 마감상태는 사치스러울 정도로 호화스러워 보인다. 유리타일을 네오프렌 인조고무로 연결하고 미끄럼 방지를 위해 유리를 두껍게 처리하는 것이 무게와 충격을 견딜 수 있는 가장 좋은 선택사양이다.

⑦ 라미네이트와 스트라입Laminates and flexible strips

이미 위에서 언급한 재료들도 얇은 판으로 된 스트라입 형태의 바닥재로 쓰일 수 있다. 차이점은 바닥에 깔리는 방식에 있다. 얇은 판으로 된 스트라입은 더 길기 때문에 설치하는데 좀 더 복잡하다. 어쨌든, 바닥 밑이 매끄러워야 바닥 표면에 울퉁불퉁한 부분이 나타나지 않을 것이다.

얇은 판 바닥재는 인조로 만들어질 수도 있고 천연일 수도 있다. 인조바닥 커버링은 탄력적 바닥재로 분류된다. 가장 흔한 재료는 코르크(천연이면서 동시에 가격도 저렴함), 리놀륨, 그리고 고무이다. 비닐과 같은 인조재료들은 돌이나 대리석과 같은 천연재료의 형태를 모방하는 경향이 있는데 결과는 그리 만족스럽지 못하다. 그러나 다른 면에서 많은 장점들이 있다. 일단 보온성이 있으며, 촉감이 부드럽고, 유지관리가 수월하다. 모조 바닥타일은 저비용으로 다양한 컬러와 마감처리, 그리고 창의적인 바닥을 창출해 내기 때문에 상점에서 매우 흔하게 볼 수 있다.

리놀륨 바닥재

라미네이트는 설치가 간편하지만 시공은 완전히 매끄러운 표면 위에 해야 한다. 각각의 재료를 위해 특수 접착제가 사용되지만, 이런 재료들은 나중에 접착력을 잃는 경우 주름이 형성되기 때문에 습기에 노출되는 바닥에는 적합하지 않다.

코르크는 지중해 연안 등지에서 30~40년 이상 자란 코르크나무의 껍질을 7~10년마다 벗겨 채취할 수 있는 순환 생산시스템을 가진 재료이다. 실내디자인 자재의 흐름이 자연미가 강조되고 환경보호에 대한 사회적 인식이 높아짐에 따라 코르크와 같은 천연자재가 더욱 각광받고 있다. 코르크는 환경친화적 소재로 그 특유한 컬러로 인해 어떠한 실내 분위기와도 잘 어울리면서도, 다소 거친 듯한 표면 질감은 인공자재가 주는 느낌과는 다른 편안한 느낌을 준다. 보온성과 부드

PVC 바닥재

러움, 그리고 유연성과 방음효과를 가지고 있으므로 아이들 침실에 특히 많이 선호된다. 그러나 그다지 탄력적이 못하고 많이 사용하면 쉽게 닳는 단점을 가지고 있다.

리놀륨linoleum은 건성유를 산화 · 중합시켜 만든 리녹신에 수지, 안료 등을 섞어 압착한 바닥재로서, 내수성, 내구성이 좋고 유연성과 방음효과 및 항균성을 가지고 있어서 위생적이어야 하는 공간에 특히 좋다. 또한 다양한 색채로도 생산될 수 있으므로 주거공간에 독특한 터치를 더해 주기에 적합하다. 리놀륨의 구성성분은 돌가루, 붉은 납, 인공 산화철과 같은 도료이며, 목재가루 및 코르크, 혹은 다른 유사한 재료와 혼합한 뒤, 열을 가해 늘리고 단단한 삼베나 캔버스 받침에 눌러 만든다. 우리나라에서는 모노륨, 골드륨 등의 상표로 생산되고 있으며, 대중적인 바닥으로 두께와 패턴이 다양하고 시트나 타일 형태로 구입할 수 있다. 서양에서는 리놀륨이 20세기 초반에 크게 유행한 적이 있었는데 미스 반 데로에Mies van der Rohe와 같은 건축가들은 그 다양한 특성들을 이용해 호화로운 디자인을 창출해 내기도 했다.

쿠션 플로어라고도 불리는 염화비닐시트는 뛰어난 쿠션성 때문에 안락한 느낌을 준다. 특수 유리 패킹층 위에 쿠션성을 가지는 염화비닐 발포층이 있고 그 위에 다양한 색깔, 무늬를 제작할 수 있는 인쇄층으로 구성되어 있다. 마지막으로 인쇄층을 보호하기 위해 염화비닐 투명층으로 마감한다. 다양한 패턴이 있으므로 개성에 맞는 디자인을 구할 수 있는 장점을 가지고 있고 내수성, 내약품성, 내마모성 등이 우수할 뿐만 아니라, 청소하기도 용이하다.

수지타일은 P타일PVC tile이라고도 불리며, 플라스틱계 타일과 비닐계 타일염화비닐, 염화비닐 호모지나이저로 쿠션플로어에 비해 쿠션성은 떨어지나 내마모성, 내연성 등이 뛰어나다. 주택에서는 주로 현관이나 복도 등에 사용된다.

가죽은 바닥재로 쓸 수 있는 색다른 선택사양이다. 높은 품질과 화려한 모습이 가격에 반영되어 있다. 따뜻하고 유연하며 안락하고 탄력적이다. 방음효과도 뛰어날 뿐만 아니라 미적인 면에서도 나무의 시각적 효과와 유사하다. 가죽은 나무바닥에 접착한 후 습기 방지를 위해 왁스칠을 한다. 그러나 욕실이나 주방과 같은 곳에는 적합하지 않다.

— 직물바닥Textile floors

카펫은 우리나라에서는 그리 많이 사용되지 않지만 북유럽과 미국에서는 가장 기본적인 바닥마감재이다. 카펫은 특히 맨발로 걸을 때 따뜻한 느낌을 주고 뛰어난 미적 가능성을 제공한다. 카펫은 봉합 부분이 없어 공간을 통합할 수 있고, 어떤 구역이나 활동공간을 구별해주는 데에도 사용될 수 있다. 컬러와 질감, 그리고 마감상태로 인하여 실내디자인에 다목적 해결방안을 제공한다. 카펫을 고를 때 염두에 두어야 할 것은 바닥에 잘 고정되는 것이어야 하고, 유지관리를 통해 오래 사용할 수 있는 것이어야 하며, 원하는 스타일에도 쉽게 적응할 수 있도록 융통성이 있는 것이어야 한다는 것이다. 카펫의 다른 특징 중 하나는 방음 및 보온효과가 있다는 것이다. 카펫은 욕실과 주방 이외 주택의 모든 공간에 적합하다. 욕실과 주방에 카펫을 깔려면 젖거나 더럽혀지지 않도록 특별한 관리와 노력이 필요하다. 그러나 카펫은 쉽게 더러워지고 청소하기도 어려워서 위생적인 바닥은 되지 못한다.

대부분의 카펫은 양모로 만들어지며, 보행성, 보온성, 흡음성, 탄력성, 방염성, 장식성, 내구성 등을 특성으로 가지고 있고 에너지 절감의 효과가 있다.

카펫의 디자인은 색채, 무늬를 바꾸는 방법과 파일을 변화시켜서 바꿀 수 있는데, 후자의 경우는 루프형고리형의 파일사과 커트형일자형의 파일사으로 그 모양이 변화된다. 카펫을 선택할 때에는 질감, 파일과 직조방식, 그리고 무게와 밀도, 컬러와 더불어 디자인을 고려하도록 한다.

카펫으로 마감된 거실공간은 따뜻한 느낌을 준다.　사이잘 러그

① **천연섬유Natural fibers 카펫 마감재**

천연섬유 카펫은 색조의 미묘한 변화의 매력 때문에 현대 실내디자인에서 널리 사용된다. 신선하고 안락할 뿐만 아니라 경제적이고 현대적이다. 가장 흔한 천연섬유는 첫째, 아가베, 둘째, 주트(부드럽지만 별로 탄력적이지는 않음), 셋째, 라탄, 그리고 사이잘약간 거칠다이다.

아가베Agave는 상당히 부드러운 마감상태를 가지고 있고, 깨끗하며 관리하기가 수월하다. 염색이 불가능하여 천연색상만이 가능하고 과도한 습기만 없다면 어떤 종류의 공간에도 적합하다.

주트Jute는 다양한 톤이 있으나 시간이 지남에 따라 점점 연해지는 경향이 있다. 마감상태는 부드러우며 거칠게 사용하는 용도로는 적합하지 않다. 그리고 쉽게 오염되므로 사용 전에 보호책을 마련해야 한다.

라탄Rattan은 거칠고 매우 튼튼한 섬유이다. 장점 중 하나는 천연 특성을 보존하기 위해 약간의 습기를 필요로 하므로 주방이나 욕실에도 사용 가능하다는 것이다.

하지만 지금까지 언급된 어떤 섬유도 사이잘 만큼 유명하지는 않다. 거칠다고도 할 수 없고 부드럽다고도 할 수 없는

러그

모습을 가지고 있으면서 모든 공간과 상황에 적합하고 다양한 컬러가 가능하다. 그러나 오염과 먼지로부터의 보호 처리를 해야 한다.

② **부분카펫과 러그**Carpets and rugs

카펫은 차갑고 딱딱한 바닥을 따뜻하고 안락한 표면으로 전환시켜줄 수 있는 무한한 장식적 가능성을 가지고 있다. 카펫은 공간을 삶의 공간으로 만들어 주기에 이상적이며 현관에서부터 계단입구에 이르기까지 여러 다른 분위기를 창출할 수 있다. 소파의 자리가 없는 경우에 카펫 위에 앉을 수도 있고, 혼자 있을 때는 텔레비전을 보기 위해 그 위에 누울 수도 있다. 부드럽고 안락한 느낌을 줄 뿐만 아니라 우아하기까지 하다. 네팔의 수공 카펫이나 키림스는 가격이 비싸다. 하지만 좋은 카펫을 적당한 가격에 찾을 수도 있다. 카펫은 견고할 뿐만 아니라 여러 종류의 공간에도 적합하다. 그러나 항상 평평한 바닥에 잘 깔려 있어야 하며, 주름이 있어서도 안 된다. 만일 바닥이 미끄럽다면 고무매트 위에 카펫을 고정시키도록 한다.

파일 한 올 한 올을 경사에 얽어매어 러그 형태로 된 것이 특징인 단통은 사람의 손으로 만들기 때문에 제품에 따라 2년에서 5년까지 걸리기도 한다. 오늘날 이 카펫은 핸드 메이드 오리엔탈 러그Hand Made Oriental Rug라고 불리며, 카펫 중에서 가장 호화롭고 품위 있는 융단이라고 할 수 있다. 손짜기로 만들어진 단통은 페르시아, 터키, 중국의 것이 가장 고급의 품질을 갖는다.

· 페르시아 단통

페르시아 단통은 주로 직사각형 모양에 의장이 복잡하고 사실적인 꽃모양이 많으며, 파란색과 붉은 색이 주요 색상이다. 아름다운 당초 모양에 아라베스크 모양을 배치하며, 섬세하게 염색하여 진한 윤곽을 주고 아름다운 패턴을 띄우는 수법을 이용하여 만드는데, 우아한 곡선을 많이 사용하는 것이 특징이다.

페르시아식 터키 단통은 $1m^2$에 파일의 단수 및 파일 조성 섬유가 표시되어 있다.

오리엔탈 카펫

· 터키 단통

종교상의 이유로 인물과 동물의 모티브는 이용하지 않고 대담한 기하학적 모양의 꽃무늬가 많다. 색채는 터키 특유의 터키 붉은색이 주색이고 보더는 보통 3~5개이다.

· 중국 단통

명나라 때 실크로드를 통해 서양으로 전해졌으며, 주색은 남색, 노랑, 갈색이 많고 보더에는 벼락무늬와 회문回紋이 이용된다. 바탕에는 중국, 꽃, 용, 구름, 사자, 수壽자와 희喜자의 한자가 패턴으로 사용된다.

· 스페인 단통

역사상 유럽에서 아랍의 문화를 가장 많이 접했던 스페인에서 단통을 처음 만들기 시작하였다. 폭에 비해서 길이가 길고, 중세의 왕족과 귀족을 위해 만들어졌기 때문에 중앙에 문장이 있는 것이 특징이다. 회색, 빨간색, 파란색, 녹색이 많이 사용되는 색상이다.

· 프랑스 단통

프랑스 단통의 가장 큰 특징은 루이 왕조의 '오른손 무늬', '사보네리 단통 무늬'에 있는데, 이 무늬는 현재 전하는 오리엔탈 무늬, 중국 무늬와 함께 전통적인 3가지의 큰 흐름을 만든다. 루이 왕조 무늬는 민

당초의 보더에 장미나 튤립의 꽃송이, 피리, 천사 등을 수놓는다.

· 영국 단통

18세기 중엽에 단통 기술이 영국에 도입되었다. 19세기 후반에 미술공예운동의 주창자인 윌리엄 모리스가 단통 디자인의 새로운 바람을 일으켰는데, 빅토리아 왕조풍의 꽃모양은 영국 단통의 특징을 만들어 냈다.

영국의 단통은 스코틀랜드, 북아일랜드에 전해져서, 윌튼과 액시민스터 등의 기계짜기 카펫의 발생에 영향을 주고 그 기초가 되었다.

Check Points · 체크포인트

① 카펫은 차가운 바닥이 있는 공간을 따뜻하고 안락한 공간으로 조성하는데 사용할 것.

② 민감한 바닥은 카펫을 깔 것.(카펫을 깔면 바닥표면도 보호될 뿐만 아니라 발을 편하게 해준다)

③ 실용성과 스타일을 고려해서 커튼과 같은 질감을 선택할 것.

④ 패턴이나 천커버, 그리고 카펫을 여러 가지 색상과 질감으로 혼합해 놓지 말 것.

⑤ 직물의 선택시, 전체적인 조화를 고려할 것.

⑥ 공간을 두드러지게 하려면 카펫을 사용할 것.(방안에 사교적 공간을 만들기 위해서는 러그가 이상적이다)

⑦ 먼지나 오염이 카펫에 쌓이지 않도록 정기적으로 청소해 줄 것.

⑧ 바닥에 사용되는 모든 카펫은 바닥 용도인 것으로 선택할 것,(어떤 카펫은 벽걸이 용도로 사용된다)

⑨ 습기에 노출되는 경우에는 카펫을 바닥에 접착하기 위해 특수 접착체를 사용할 것.

⑩ 내화성이 없는 카펫이나 러그를 난로 근처에 두지 말 것.

3. 벽과 천장

주거공간을 새롭게 디자인하고 필요에 따라 방을 개조할 때 벽의 중요성을 무시해서는 안 된다. 벽은 많은 공간을 차지하고 공간을 분할하는데 기여한다. 프라이버시나 조명효과를 위해 작업할 때에도 신중히 고려해야 할 요소이다. 벽은 넓은 표면으로 인해 시각적으로 중요하며 벽의 배치와 미적 처리는 공간에 대한 인식 자체를 바꾸어 놓을 수 있다. 천장 또한 커다란 시각적 효과를 가지므로 같은 비중을 두어야 한다.

색은 우리가 갖고 있는 공간에 대한 인식을 바꾸어 놓기도 한다. 따뜻하고 어두운 톤은 방을 작고 산뜻해 보이게 한다. 밝고 시원한 색조는 방이 뒤로 물러난 듯 널찍하게 보이게 한다. 색채는 질감과 장식 이전의 첫째가는 변수이다. 색채와 질감, 그리고 장식은 벽 디자인을 할 때 모두 고려되어야 한다. 이러한 요소들에 유의한다면 주거공간의 벽으로부터 많은 것을 얻을 수 있고, 디자인하는 공간에 개성을 더해 줄 수 있다.

벽은 장식적인 역할뿐만 아니라 보온과 방음기능을 하며, 거주자에게 친밀감을 느끼게 해 준다. 이러한 벽은 잘 관리되어야 하고, 습기가 없어야 한다. 회반죽이나 나무 같은 열보존 재료들은 열을 유지하는데 좋은 재료이며, 방음효과를 우선적으로 고려하는 경우라면 돌이나 직물과 같이 질감 있는 마감재가 좋다.

천장은 천장의 높이, 마감재, 그리고 공간의 요소들에 따라 취급을 달리 해야 한다. 천장이 높은 경우에는 어둡고 질감 있는 재료를 이용하여 낮아 보이게 할 수 있다. 만일 방안의 가구가 눈에 띄길 원한다면 천장을 엷은 컬러로 칠해서 뒷배경이 될 수 있도록 해야 한다. 만일 천장이 몰딩이나 회반죽 작업으로 인해 그 자체가 흥미로운 형태라면 흰색으로 칠하는 것만으로도 충분할 것이고, 코니스만 다른 색으로 칠해주는 것도 고려할 만하다. 이러한 결정은 공간을 만드는 방법과 공간의 흥미 포인트를 어디에 두는가에 달려 있다. 어떤 방법이든 전체적인 계획을 고려해야 된다. 전체 계획과 상관없이 벽이나 천장을 디자인해서는 안 된다. 공간의 요소들이 통일감 없는 요소들로 구성되어 있는 경우라면 벽과 천장을 이용하여 그것들을 통합시킬 수 있다.

3.1 벽마감재

— 페인트Paint

우리나라에서는 전통적으로 단청이라는 채색 작업이 일부 궁궐이나 사찰건축에서 주종을 이루었으나, 주택의 양식화와 경제 효율 우선의 시대로 접어들자 주거공간의 주요 벽마감재가 벽지로 바뀌었다. 그러나 이제는 다양한 개성을 요구하는 시대가 되었고, 많은 주택에서 사용하기에 자유롭고 폭 넓은 가능성을 가진 페인트를 벽이나 천장마감재로 선택하고 있다.

페인팅은 벽에 생명을 불어넣을 수 있는 가장 경제적이며, 놀라운 결과를 창출해 낼 수 있는 방법이다. 그 효과는 즉시 보여지므로 작업을 진행하면서 계획을 수정할 수 있다. 추구하는 마감방식(광택, 새틴, 그리고 무광택)과 함께 표면의 준비상태도 고려해야 한다. 페인트가 습기에 잘 견디는 것인지, 물에 녹는 것인지 등은 이러한 요소들을 결정하는데 영향을 준다.

페인트칠은 벽에 생명을 불어넣을 수 있는 가장 경제적이며 놀라운 결과를 창출해 낼 수 있는 방법이다.

뛰어난 커버력을 가진 에나멜 페인트는 수성이므로 비록 오래 가지는 못하지만 빨리 마른다. 래커는 많은 빛을 반사하여 방에 생명력을 준다. 다양한 종류의 용매 베이스 페인트(광택gloss, 중간광택semi-gloss, 그리고 에나멜enamels)가 있다. 에나멜은 물에 녹으며, 나무나 금속에 칠하는 것이 이상적이다. 용매 베이스 페인트는 완전한 표면 위에 사용되어야 한다. 용매 베이스 페인트는 불완전한 것을 두드러져 보이게 하는 경향이 있으므로 미완성 상태의 것이라면 매트나 새틴 페인트를 이용하여 불완전함을 가리는 것이 가장 좋은 방법이다. 템퍼레이트Temperate 페인트는 색이 자연스러우며 따뜻한 느낌을 준다. 또한 어떤 페인트는 특별한 효과를 줄 수 있도록 해준다. 흰색 알코올과 광택제를 2:2로 섞은 후 용매 베이스 페인트를 더해 주게 되면 광택이 있고, 우아하며, 빛이 나는 페인트가 된다. 수성페인트를 희석하여 밑색이 비치게 할 수도 있다.

— 벽지

벽지는 이제 벽마감재의 기능을 제대로 갖춘 디자인의 중심 소재가 되었으며, 경제적 수준의 향상으로 고급스러우면서도 기능성과 실용성을 겸비한 벽지들을 선호하는 경향이 확대되고 있다.

건축물은 완공된 후 그 모양이나 재료를 바꾸기가 거의 불가능하지만 주택의 입주자들이나 거주자의 선호 경향은 바뀔 수 있으므로 사용자가 원하는 요구에 맞추어 분위기도 바뀌어야 한다. 사용자가 그 공간을 더 넓게, 그리고 더 밝게 혹은 리듬감을 부여하고 통일성을 느끼게 하는데 있어 벽지만큼 효과적인 재료는 없다.

벽지의 패턴은 자연을 모티브로 한 것에서부터 기하학적 모양과 어린이들을 위한 그림에 이르기까지 다양하다. 디자인을 조금 더 다채롭게 하려면 페인트와 벽지를 조합하는 방법이 있다. 어떤 분위기를 추구하느냐에 따라서 벽지의 선택이 좌우될 수 있다. 그러나 사이즈와 패턴에 관해서는 오래된 법칙이 있다. 일반적으로 넓은 공간에는 큰 패턴이 좋고, 좁은 공간에는 작은 패턴이 좋다.

벽지를 바르기 전에 일단 벽이 준비되어 있어야 한다. 먼저 원래의 벽이 나타날 때까지 기존 페인트나 벽지를 뜯어내도록 한다. 그런 후 표면을 봉하기 위해 밑칠을 하고, 벽지의 뒷면에 풀칠을 하도록 한다. 약 5분간 기다렸다가 선을 곧게 유지하면서 벽에 벽지를 붙인다. 서로 다른 벽지 조각들이 정확히 패턴이 맞도록 유의하고 마지막으로 주름이나 기포가 생기지 않도록 솔을 사용한다.

벽지는 본을 떠서 패턴을 찍는 것과 기계로 패턴을 찍어내는 두 가지 방식으로 제작될 수 있다. 첫째 방식은 비용이 좀 비싸지만 색은 거의 변하지 않으며 시간에도 더 잘 견딘다. 둘째 방식은 좀 더 경제적이다.(어떤 것은 깨끗하게 닦일 수도 있다) 그리고 비닐이 있어 잘 헐지 않는다. 일단 벽에 바른 후 실루엣과 패턴을 만들어가며 벽에 칠할 수도 있다.(아이들에게 그림을 그릴 수 있는 기회를 주기 원한다면 그것도 가능하다)

Check Points
• 체크포인트

① 페인트나 벽지의 색과 패턴은 전체 계획과 어울리도록 할 것.

② 방의 모습에 변화를 주려면 페인트나 벽지를 사용하되 비용과 시간을 너무 많이 들이지는 말 것.

③ 벽지 위에 페인트를 칠하지 말 것.(페인트가 잘 칠해지지도 않을 뿐만 아니라 페인트나 벽지 둘 다 벗겨질 수 있다)

④ 나중에 더러워지거나 찢어질 수 있을 때를 대비하여 여분의 벽지를 보관하도록 할 것.

⑤ 작은 방에 큰 패턴의 벽지를 사용하지 말고, 큰 공간에 작고 반복적인 패턴의 벽지를 사용하지 말 것.

⑥ 작고 좁은 방에 천장까지 벽지를 바르지 말 것.(대신 벽의 절반 정도 높이까지 벽지를 사용하고 페인트작업으로 하면 공간이 넓어 보일 수 있다)

⑦ 아동실과 같이 더러워지기 쉬운 공간에 청소하기 어려운 페인트나 벽지를 사용하지 말 것.

— 직물 마감재

벽마감용 직물은 어떤 종류의 직물이나 사용가능하지만, 약간 두껍고 신축성이 적은 것이 가장 적합하다.

직물은 벽지와 유사한 효과를 줄 수 있으나 패턴이 다양하며 특히 소리를 흡수해야 하는 공간에 적합하다. 벽이 완전히 매끄럽지 않을 경우, 절차는 벽지와 비슷하지만 직물로 마감하는 것이 벽지를 사용하는 것보다 좀 더 복잡하다.

직물 벽마감재로는 어떤 종류의 직물이나 사용 가능하지만 가장 좋은 것은 약간 두껍고 신축성이 아주 적은 면, 마, 모 등의 천연소재이다. 직물 벽지는 이러한 천연섬유 천에 종이를 배접 가공하여 사용되었지만, 최근에는 섬유질감이나 방염, 가격 등의 원인으로 레이온사가 대부분 사용된다.

직물을 벽에 고정시키는 가장 일반적인 방법은 패널 위에 스테이플링하는 것이다. 그런 다음 스테이플 자국을 가려 주고, 주름이 생기지 않고 패턴이 곧게 늘어서도록 잘 고정시켜야 한다. 벽과 직물 사이에 패딩을 넣으면 방음효과가 생기고 방이 더 산뜻해 보인다.

Check Points
• 체크포인트

① 소리를 흡수하려면 직물에 패딩을 넣어 사용할 것.
② 벽의 직물과 침대보 그리고 식탁보의 색과 패턴이 모두 잘 어울리도록 할 것.
③ 직물 마감재에 높은 마감효과를 주려면 재단마감과 띠장식을 사용할 것.
④ 주방이나 아이들의 침실과 같이 쉽게 더러워지는 곳에 직물을 사용하지 말 것.

— 타일Tiles

상점에서 판매하는 벽타일은 바닥타일처럼 매우 다양해서 모든 가능성에 열려 있는 상태이다. 그러나 바닥타일보다 더 얇고 가벼우며 눈에 잘 띄므로 주의할 필요가 있다. 타일은 물에 강하고 청소하기 쉽기 때문에 전통적으로 욕실과 주방에서 사용되어왔다. 이러한 특성들

벽타일

주방에 사용된 벽타일

모자이크 벽타일

로 인해 가끔 다른 공간에서도 적용될 때가 있다. 타일만큼 튼튼한 마감재는 거의 없다. 그럼에도 불구하고 너무 지나치면 방을 차갑고 비인간적인 느낌이 들게 하므로 적절하게 사용해야 한다. 치장벽토나 페인트와 같은 다른 재료를 혼합하여 사용하는 것도 좋은 방법이다.

— 치장벽토Stuccowork

치장벽토는 고전양식과 장인적 장식에 대한 향수로 인해 유럽에서 다시 유행하게 되었다. 대부분 페인트에 기초를 둔 수준 높은 품질을 가진 벽토와 같은 마감재가 출현하게 되었다. 그러나 치장벽토의 장점은 작업만 잘 되면 다른 기술과는 비교할 수 없을 만큼 빛나고 유연하며 어떤 것과도 견줄 수 없는 품질이 나타나게 된다. 하지만 비용은 높은 편이다.

치장벽토

Check Points • 체크포인트

① 사람들이 지나다니는 공간이나 욕실에 치장벽토를 사용할 것.(치장벽토는 내구력도 매우 좋고 청소도 용이하므로 이상적이라 할 수 있다)

② 욕실이나 주방용으로 사용할 타일은 청소하기 쉽고 불침투성의 타일로 할 것.

③ 방수처리를 하지 않고 욕실이나 주방에 테라코타와 같이 작은 구멍이 많이 있는 타일을 깔지 말 것.

④ 넓은 벽을 덮는데 작은 타일을 사용하지 말고, 작은 공간을 덮는데 큰 타일을 사용하지 말 것.

목재 패널

— 목재Wood

벽을 패널링하는 것은 자연스러운 나무의 질감이 공간에 따뜻함과 우아함을 더해 주고 방음효과를 주기 때문에 수 백년 동안 인기가 있었다. 목재의 장점은 튼튼하고 곧으며 상대적으로 가벼우면서도 유연하다는 것이다. 목재 패널링은 나무바닥과 유사한 방식으로 설치될 수 있는데, 손상된 벽에는 매끄러운 마감처리를 해 주어야 한다. 목재 벽마감은 나무바닥과 같은 취급 및 주의를 필요로 한다. 목재는 천연자원으로서 재사용할 수도 있는 자원이다. 그러므로 물량이 풍부한 숲에서 공급받도록 해야 한다.

— 기타 재료

벽마감재는 바닥재처럼 많은 가능성을 제공해 준다. 약간의 상상력만 동원한다면 주변의 많은 재료들로 주거공간을 한층 더 풍요롭게 할 수 있다. 타일이나 라미네이트 형태로 방에 현대적 분위기를 줄 수 있다. 유리창이 어두운 벽을 대신하여, 시각적으로 주택의 여러 다른 공간들을 연속시켜 개방감을 더해 줄 수도 있다. 유리나 금속은 침실에는 너무 차가운 느낌을 주지만 복도나 현관, 그리고 욕실과 같이 공용공간에 사용되면 분위기를 향상시켜 줄 수 있다. 가죽은 따뜻한 느낌을 주는 재료로서 스타일이나 화려함에 있어서 견줄만한 것이 없다.

이러한 천연재료들 이외에 최첨단의 기술은 실용적이면서도 미적인 면에서 훌륭한 재료를 많이 제공하고 있다. 예를 들어, 석고 보드는 설치시 물이 따로 필요 없으며, 다른 회반죽과 시멘트 또한 더해질 필요가 없다. 우선 석고 보드를 단단하게 고정하기 위해 금속프레임에 패널을 얹는다. 그 후 취향에 맞게 페인트칠을 하거나 설치준비를 한다. 이런 시스템은 많은 장점을 가지고 있는데, 그 중 가장 두드러진 것은 설치가 간편하다는 것과 나중에 청결한 관리가 용이하다는 것이다. 음향, 습기, 그리고 열조건 등 다른 환경요건에 따라서 여러 가지 다른 종류의 패널이 사용 가능하다.

회벽 마감

Check Points • 체크포인트

① 침실이 아니라면 주택의 현대적인 공용공간에 콘크리트나 금속을 사용해 볼 것.(이러한 재료들은 공간에 개성을 더해 준다)

② 나무가 습기에 역행하는 영향을 줄 수 있으므로 1층의 벽마감재로 나무를 사용하지 말 것.

③ 구조에 무리를 줄 정도로 오래된 건물의 벽을 마감하는데 무거운 재료를 사용하지 말 것.

Design Hint 도움이 되는 디자인 힌트

① 방의 분위기를 바꾸길 원하지만 시간이 충분하지 않다면, 벽지나 페인트 또는 직물이 가장 간편한 벽마감 방법이다.

② 치장벽토는 탄력적이고 물이 잘 스며들지 않는다. 이것은 사람들이 계속적으로 지나 다니거나 쉽게 더러워지는 공간에 이상적이며, 실용적이면서도 미적인 면에서 뛰어나다.

③ 타일은 욕실과 주방에 적합한 재료이다.

④ 주방이나 욕실과 같이 원래 사용되어서는 안 되는 공간에 나무를 과감히 사용하도록 한다. 대신 습기 보호 처리를 해주어야 한다.

⑤ 대리석은 서양의 고전적인 분위기를 연출해 내는데 최상이다.

⑥ 천연섬유도 벽마감재로 사용할 수 있는데 특히 방음에 효과적이다.

⑦ 금속이나 콘크리트 패널은 새로운 기술을 적용하여 이용할 수 있는 재료이다. 복도나 홀 또는 층계에 과감히 시도해 보도록 한다.

⑧ 벽마감재를 선택할 때는 전체 계획, 그리고 바닥재, 가구 등과의 조화를 고려하도록 한다. 전체 프로젝트의 통일성은 각각의 요소보다 더 중요하다.

4. 문과 창

벽과 천장만 있고 문과 창이 없다면 주택의 내부와 외부는 완전히 차단되므로 폐쇄된 벽의 일부를 뚫어 주택의 내 · 외부를 소통할 수 있도록 만든 것이 문과 창이다. 문과 창의 기능상 차이는, 문은 주택의 내부에서 외부로 또는 한 공간에서 다른 공간으로의 출입을 가능하게 하는데 비해 창은 출입이 목적이 아니라 전망, 환기, 채광을 목적으로 하는 점이다. 그러므로 문의 위치를 결정할 때는 출입동선, 문이 열릴 때 필요한 여유공간, 통행을 위한 공간, 그리고 가구를 배치할 공간 등을 염두에 두어야 한다.

4.1 문의 종류

— 여닫이문

여닫이문은 한 짝이나 두 짝으로 만들어지며, 개구부가 모두 열릴 수 있으나 문의 개폐를 위한 여분의 공간이 필요하므로 개구부가 클수록 문을 위해 많은 공간이 필요하게 된다. 여닫이문은 일반적으로 서양식 주택에서 많이 사용되고 미세기문이나 미닫이문보다 문을 여는데 힘이 적게 들기 때문에 노인방이나 환자의 방에 이 형식의 문을 사용하는 것이 좋다. 또한 가구의 문을 여닫이문으로 하여 문의 안쪽에 거울을 붙이거나 선반 및 막대를 달아주면 여러 가지 물건을 수납할 수 있어서 편리하다.

— 미세기문

미세기문은 두 짝, 세 짝, 네 짝 등으로 만들어지며 여닫는데 여분의 공간을 필요로 하지 않으므로 공간이 좁을 때 사용하면 편리하지만 고정 문짝이 세워져 있는 부분은 열리지 않으므로 개구부 전체가 완전히 열리지는 않는다.

— 미닫이문

미닫이문은 한 짝이나 두 짝으로 만들어지고, 미세기문과 마찬가지로 문의 개폐를 위한 여유분의 공간은 필요 없다. 문이 열리면 문이 벽쪽으로 가서 겹쳐지므로 개구부가 완전히 열리게 되고, 벽 속에 문집을 따로 만들면 문을 열었을 때, 문이 벽 속으로 들어가 보이지 않게 되어 깨끗하다. 미닫이문은 우리나라 전통주택의 창호지문에서 많이 사용되던 형식이다.

— 접이문

접이문은 문을 몇 쪽으로 나누어 병풍과 같이 접어가며 열 수 있는

여닫이문

미닫이문

미세기문

여닫이문의 안쪽에 쇠막대를 설치하여 책을 꽂아 놓은 모습

들문

접이문

형식으로서, 개구부가 큰 경우에 이용하면 좋다. 개구부가 큰 차고나 창고, 면적이 큰 가구의 문을 두 짝 여닫이문으로 하면 문의 동선을 위한 공간이 너무 많이 필요하고, 미닫이문이나 미세기문으로 하면 문을 여닫을 때 힘이 많이 들기 때문에 불편하다. 접이문의 문짝을 잘게 나누어 응용한 것으로 아코디언문이 있다. 이 문은 한쪽 공간을 융통성 있게 구분 · 개방하여 사용하는 LDK Living Dining Kitchen, LD Living Dining, DK Dining Kitchen, 원룸 Studio의 경우에 많이 이용된다.

— 들문

들문은 평상시에는 접이문 형식이지만 필요에 따라 문을 천장쪽으로

고정식 창

여닫이 창 1

여닫이 창 2

들어 올려 매달 수 있게 만든 문이다. 우리나라의 전통주택 가운데 양반가의 대청이나 방문에 흔히 쓰였다. 평소에는 네 짝의 접이문으로 사용하다가 문을 들어올려 천장에 달린 들쇠에 걸어 매달아 놓으면 개구부가 완전히 개방되어 최대한으로 시원한 공기를 받아들일 수 있다.

4.2 창의 종류

창의 종류는 개폐방식과 설치 위치에 따라서 크게 두 가지로 구분할 수 있다.

— 개폐방식에 의한 창의 종류

개폐방식에 따라서는 고정식 창과 이동식 창으로 나뉘며, 고정식 창은 채광과 조망을 위한 것이고, 이동식 창은 위의 두 가지 기능 이외에 환기의 목적을 더 가지는 것이다.

① 고정식 창

고정식 창은 열지 못하게 되어 있어 유리벽과 비슷한 성격을 가진다. 고정식 창은 표준화된 크기가 없으므로 자유롭게 디자인할 수 있으며, 칸막이나 철재틀이 필요 없다. 고정식 창의 경우, 창의 크기를 바닥부터 천장까지 크게 설치하면 마치 창이 없는 듯한 효과를 주어 시각적으로 내 · 외부 공간을 연장시켜 주므로 실내공간을 실제보다 훨씬 더 넓어 보이게 한다. 이것은 주택 밖의 전망이 좋을 때 효과적으로 사용할 수 있다. 그러나 이 창은 환기를 할 수 없고, 빛과 열의 조절 및 청소하기에 어려운 단점이 있다. 간혹 유리가 앞

미세기 창

오르내리기 창

빗살 창

에 있는 것을 모르고 부딪힐 위험이 있으므로 유리창 앞에 낮은 가구나 화분 등을 배치하여 유리가 있다는 것을 암시해 주는 것이 좋다.

② 이동식 창

- 여닫이창

여닫이창은 창이 두 짝으로 된 쌍여닫이 창과 한 짝으로 된 외여닫이창이 있다. 개구부 전체가 열리기 때문에 환기에는 이롭지만 창문이 열리는 공간만큼 여유공간이 필요하다.

- 미세기창

미세기창은 우리 주변에서 가장 흔히 볼 수 있는 창으로서 두 짝, 세 짝, 네 짝으로 만드는데 항상 수평으로 개구부의 1/2이나 1/3만 열린다. 근래에는 고정식 창과 혼합된 세 짝 창으로 하여 중간부분은 고정식으로 양쪽의 두 부분은 환기용으로 여닫을 수 있도록 설치하는 경우가 많다.

- 오르내리기창

오르내리기창은 미세기창과 같은 방식이지만 이를 수직으로 설치한 것이다. 보통 두 짝으로 설치하고, 창의 폭보다 길이가 길다. 서양의 고전양식의 주택에서 흔히 볼 수 있다.

- 빗살창

빗살창 또는 루버louver창은 루버를 달아서 열리게 되므로 루버의 각도를 조절하면 개구부가 완전히 열릴 수 있고 창의 개폐에 필요한 공간도 없으므로 환기창으로 많이 쓰인다. 루버를 불투명한 재료로 만들면 창을 열어도 프라이버시가 확보되므로 화장실의 환기창으로 효과적이다.

측창

천창

고창

경사창

— 설치 위치에 따른 창의 종류

창이 설치되는 위치에 따라 창의 종류를 나누면 측창, 천창, 고창, 경사창으로 분류할 수 있다.

① 측창

측창은 수직창이라고도 하며, 일반적인 벽면에 설치되는 창으로서 지면과 수직적인 위치에 있다. 일반적으로 창이라고 하면 측창을 말하는 경우가 많다. 창으로의 접근이나 조작은 쉽지만 채광의 효과는 천창, 고창, 경사창에 비해 떨어진다.

② 천창

천창은 천장에 창을 설치하는 방법으로서 창의 종류 중에서 가장 채광효과가 우수하며, 자연채광이 중요시되는 공간에 흔히 사용된다.

③ 고창

고창은 벽의 상부에 설치되므로 전망효과는 없으나 채광과 프라이버시의 확보가 쉽다. 중세의 성당 건물에서 흔히 사용되어 신비한 분위기를 연출하던 창으로서 현대에는 프라이버시를 필요로 하는 욕실이나 외부의 전망이 좋지 않을 때 유용하게 사용된다.

천창과 고창은 상부에서 빛을 받으므로 다른 종류의 창보다 채광효과가 우수하고 교차환기에도 좋으며 가구배치에도 전혀 지장을 주지 않는다.

④ 경사창

천창과 고창을 절충하여 만든 경사창은 채광효과는 두 창의 중간 정도이고, 주택에서 흔히 쓰이지 않는 사선효과가 있으므로 시선을 끄는 중요한 요소가 될 수 있다. 그러나 측창을 제외한 나머지 창들의 단점은 빛과 열을 조절하기가 어렵고 접근성이 좋지 않아서 유지관리가 어려운 단점이 있다.

4.3 창 처리방법

거주자의 개성과 감성을 정확히 표현할 수 있는 창은 거주자의 특성을 반영하는 새로운 요소로 부각되고 있다. 이러한 창문의 장식은 창틀만으로는 그 효과가 부족하므로 다양한 기능과 장식성을 가진 커튼과 블라인드 등 적절한 요소를 첨가함으로써 방의 분위기를 한층 효과적으로 연출하도록 해야 한다.

— 커튼Curtains

커튼은 단순히 미적인 요소만 고려하지 말고, 주변의 시선과 광선에 적합한 소재를 선택하도록 한다. 완성되면 의자에 앉았을 때 또는 서 있는 위치에서 어떻게 보이는지, 어떤 방법으로 차폐를 원하는지 등을 충분히 고려해야 한다.

실크나 레이스에서부터 두껍고 표면이 거친 천까지 어떤 직물도 커튼용으로 사용이 가능하다. 커튼 직물의 너비는 창문 너비의 두 배이어야 한다. 커튼은 방의 균형을 유지하면서 다른 부분들과 조화를 이루어야 한다. 어떤 타입의 직물도

모두 커튼용으로 사용 가능하므로 비용과 원하는 스타일에 따라 선택하도록 한다. 자연스럽고 부드러운 직물은 신선하고 현대적인 감각을 주며, 실크천은 섬세하고 낭만적인 느낌을 준다. 패턴이 있는 베이지와 펠트는 고전시대의 느낌을 표현하는데 적절하고, 올이 질긴 마직물이나 삼베류는 전원주택을 떠오르게 한다. 커튼을 커튼봉에 매다는 방식도 어떤 직물을 사용하느냐 만큼 중요하다. 이러한 세부적인 것들까지도 전체 디자인만큼이나 무시해서는 안 될 요소들이다.

— 셰이드Window shades

셰이드는 현대적이며 실용적이고 장식적인 요소이다. 셰이드만을 단독으로 사용할 수도 있고 다른 커튼과 조합해서 사용할 수도 있다. 커튼은 일반적으로 창의 양쪽 옆에서 잡아당겨서 열리지만 셰이드는 접는 방법에 따라 위에서 들어오는 빛을 자유롭게 조절할 수 있다.

셰이드는 마 단위약 90cm로 판매되며, 표준 치수와 기본 컬러로 제작된 것을 구입할 수도 있다. 직물에 대한 특별한 제한은 없지만 너무 두꺼우면 접기가 어렵고, 너무 큰 패턴이 있는 것은 접혀 있을 때 패턴이 잘 안 보일 수 있으므로 사용하지 않도록 해야 한다.

— 롤러 블라인드Roller blinds

롤러 블라인드는 커튼과 마찬가지로 빛을 부드럽게 해 주면서도 프라이버시를 확보할 수 있으며, 높이 조절 또한 가능하다.

롤스크린은 무늬가 없는 직물이 코드 풀리 시스템에 의해 창의 위·아래로 올라가거나 내려간다. 보통 표준 사이즈를 구할 수 있지만 맞

롤러 블라인드 1

롤러 블라인드 2

롤러 블라인드 3

베네치아식 블라인드

버티컬 블라인드 1

버티컬 블라인드 2

춤제작을 할 수도 있다.

베네치아식 블라인드venetian blind는 수평으로 늘어선 루버의 각도 조절 및 승강 조작에 따라 일조와 통기를 조절할 수 있다. 이런 구성은 미적인 분위기를 주고 창을 더 아름답게 한다. 요즘에는 유리 사이에 베네치아식 블라인드를 내장한 창이 많이 사용되는데, 이중창이기 때문에 방음, 단열이 뛰어나며 루버가 접히거나 더럽혀지지 않는 장점을 가지고 있다.

버티컬 블라인드vertical blind는 세로로 루버를 늘어놓은 것으로서 루버가 180도 회전한다. 커다란 공간에서 늘어뜨리면 천장이 더 높아 보이고 공간이 넓어 보이게 한다. 햇빛을 루버의 각도로 미묘하게 조절할 수 있다.

쉬어커튼

— 쉬어커튼Sheer curtains

사, 머슬린, 삼베와 같은 얇은 직물 또는 실크나 오건디 같은 광택성 직물들은 빛을 완전히 차단하지 않고 여과시켜 주는 역할을 하는 쉬어커튼의 용도로 사용되거나 방을 로맨틱하고 산뜻한 분위기가 들도록 하는 장식적 목적으로 사용된다. 색이 있는 쉬어커튼은 새로운 빛의 색조를 연출하여 특별한 분위기를 창출할 수 있다. 쉬어커튼은 드레이퍼리처럼 늘어뜨려 걸거나 프레임에 걸어서 설치가 가능하다.

— 발

발

발은 보통 대나무, 갈대 등으로 만들어지며 얇은 종이를 엮어서 만든 지사발도 있다. 발은 여름에 창이나 문을 열어 놓을 때, 프라이버시 확보용이나 빛의 조절용으로 쓰인다. 그러나 밤에 실내에 불을 켜놓으면 실내가 훤히 들여다 보이므로 주의해야 한다. 발은 기능적인 목적 외에도 창에 드리우면 시각적으로 시원한 느낌을 주기 때문에 그 자체가 여름에 훌륭한 장식이 된다.

— 식물

식물을 창 앞에 매달아 늘어뜨리거나 바닥에 놓아둠으로써 보다 아름다운 창을 꾸밀 수 있다. 식물은 생명이 있고 성장에 따라 형태가 바뀌므로 더 없이 훌륭한 창의 장식물이 될 수 있다. 더욱이 정원을 가질 수 없는 아파트 등 고층 건물의 창 앞의 작은 공간에 화분을 놓아두면 관엽식물의 푸르름을 즐기거나 사철 번갈아 피는 꽃을 즐길 수 있어 거주자는 물론 그 주택을 지나는 행인들에게도 행복감을 줄 수 있다.

식물은 생명이 있고 성장에 따라 형태가 바뀌므로 더 없이 훌륭한 창 장식물이 될 수 있다.

Check Points · 체크포인트

① 작은 공간에서는 공간을 적게 차지하는 롤러 블라인드나 셰이드를 이용하여 방을 더 밝게 할 것.

② 큰 창이 있는 방에는 여러 가지 다른 스타일의 커튼을 조합하여 다양성을 제공하면서도 시각적으로 살아 있는 느낌을 주도록 할 것.

③ 두꺼운 직물을 셰이드 천으로 사용하지 말 것.(천이 두꺼우면 접기가 힘들다)

④ 셰이드를 만들 때 패턴이 큰 것을 사용하지 말 것.(접힐 경우 그 패턴을 볼 수 없다. 대신 뚜렷한 패턴을 여러 가지 다른 톤으로 조합하는 것이 낫다)

⑤ 여름날 창에 발을 사용하여 기능적으로나 시각적으로 시원한 느낌을 줄 것.

5. 조명

조명은 인공적인 빛을 말한다. 본래 빛은 자연에 있는 태양빛이 주요 광원이었는데 자연의 한계를 극복하기 위해 인공조명이 만들어졌다. 오늘날에는 조명이 없이는 생활이 거의 불가능할 정도로 이에 의존하고 있다. 빛은 우리의 시각기관을 활동하게 함으로써 물체의 형태와 색, 그리고 명암을 느낄 수 있게 하는 근원이다.

그러나 조명은 우리가 물체나 공간을 볼 수 있게 하는 기능성만을 갖고 있는 것은 아니다. 우리는 무대에서 극적인 장면을 보고 감동을 느낄 때 조명의 역할이 얼마나 큰가를 짐작한다. 일상생활에서도 빛은 그 형태, 밝기, 방향, 주변의 밝기와 대비 등에 의해서 다양한 분위기를 만들 수 있는 것이다. 따라서 태양빛이든 인공조명이든 올바르게 계획되어야만 각 실의 기능성을 높이고, 디자인 목표에 적합한 분위기를 창출할 수 있다.

주택에서 이루어질 수 있는 모든 활동에 대한 요구를 만족시킬 수 있도록 여러 가지 다양한 종류의 조명제품이 디자인되어 있다.

5.1 조명의 타입

— 전기조명

빛이 어떤 방식으로 방출되느냐의 특징에 따라 두 가지 종류의 조명이 있다. 하나는 백열등이고 다른 하나는 형광등이다.

백열등은 토마스 에디슨에 의해 발명되었고 우리에게 가장 친숙한 광원이다. 백열등은 점광원이거나 점에 가까운 광원으로서, 미세한 그림자를 이루고 밝은 하이라이트를 주는 경향이 있다. 자연광, 촛불, 그리고 기름램프 등과 같이 백열등은 흰색을 이루는 모든 빛의 색채가 포함된 연속적인 스펙트럼을 이룬다. 그러나 백열광은 백색 자연광보다 빨강과 노랑을 더 많이 포함하고, 초록과 파랑을 덜 포함하므로 따뜻하게 보인다. 이 따뜻한 색채는 매력적으로 느껴지며, 인간의 혈색을 강조하고, 아늑함과 편안함을 느끼게 해 준다. 주거공간 중 주로 사용되는 곳은 안정과 분위기를 원하는 거실, 개성을 살려야 하는 침실, 잔잔한 빛이 요구되는 욕실, 요리를 맛있게 보이게 하는 식탁조명, 점멸 회수가 많고, 점등시간이 비교적 적은 현관과 화장실 등이다.

전형적인 형광램프는 긴 튜브 형태이므로 확산된 그림자가 없는 빛을 발한다. 이는 전체적인 시각에는 도움이 되지만, 특정한 종류의 세부사항을 보기에는 다소 부족한 감이 있다. 또한 흐린 날의 자연광처럼 재미없고 단조로운 조명효과를 만들어내는 경향이 있다. 형광등의 단점은 그 색채가 충분히 주의를 끌지 못하다는 것이다. 형광등은 균일하지 않은 스펙트럼을 가지고 있기 때문에 색상이 왜곡되어 보이는 경향이 있고 대체로 차가운 빛을 내지만, 푸른빛에서 흰색광까지 색상의 범위가 다양한 편이다. 따라서 필요에 따라 적합한 색광의 것을 선택해서 사용한다. 형광등은 비교적 수명이 길고 전력 소모에 있어서 경제적이며 눈부심이 없어서 일반 가정에서 많이 사용된다. 주거공간 중 주로 사용되는 곳은 구석구석까지 밝게 하고 싶은 거실, 밝고 청결함이 요구되는 주방, 밤시간 동안 계속 점등해 놓는 옥외, 간접조명이나 마루 가운데의 조명이다.

— 조도

정해진 면에 들어 온 빛의 양, 즉 단위면적에 입사入射하는 광속량을 조도라 한다. 조명의 기본적인 기능은 충분한 밝기를 유지하는 것이다. 과거에는 인간의 생활과 작업을 위해 조명이 단순히 보는데 필요한 빛의 양, 즉 필요한 조도 또는 추천 조도에만 중점을 두어 왔으나 현대에는 편하고 쾌적한 생활을 할 수 있는 건강한 조명이 요구되고 있다. 따라서 좋은 조명은 인간공학적인 측면에서 인간존중의 관점에 따라 시행되어야 할 것이다.

공간을 조명할 때는 원하는 디자인에 적합한 색채도 함께 고려해야 한다. 이러한 색채들은 빛을 반사하거나 흡수하며 공간디자인이 성공적일 수 있게 한다.

빛의 세기는 직접적인 빛의 양과 관계가 있다. 만일 램프가 많은 양의 빛을 방출하거나 풍부한 양의 빛이 창문을 통해서 들어온다면 그 공간의 조명은 너무 강할 것이다. 눈부심 현상은 너무 많은 빛이 눈으로 들어오거나, 빛이 집중적으로 비치는 공간과 어두운 공간의 대비가 너무 커서 눈이 적응하지 못할 때 생긴다. 램프를 더 추가하거나 더 많은 빛을 내게 하는 것이 조명의 질을 향상시킬 것으로 생각하는 것은 잘못된 것이다. 조명이 너무 어두운 공간을 피해야 하는 것과 마찬가지로 조명이 너무 강한 방 또한 피해야 한다. 둘 다 신체의 불편함을 초래하기 때문이다. 좋은 조명계획은 하이라이트, 음영, 그리고 악센트 조명이 단조롭지 않고 다양하게 조화를 이루어야 한다. 이동형 조명에만 의존하지 말고 매입등, 등박스, 그리고 건축적 조명으로 효율성 있게 조절할 수 있도록 한다.

빛이 표면에 닿아 빛의 일부가 되돌아 올 때 반사현상이 생기는데, 표면상태에 따라 두 종류의 반사가 있다.직접반사는 거울이나 실버플레이트와 같이 반짝이는 표면으로부터 되돌아올 때 생긴다. 이러한 눈부심은 모든 빛이 한 방향으로만 집중되기 때문에 생긴다. 장식적 목적으로는 유용한 효과가 이루어질 수 없으므로 가능한 한 피해야 한다.

확산반사는 빛이 벽돌이나 그림과 같이 광택이 없는 표면에 투사될 때 생긴다. 표면으로부터 나오는 빛은 사방을 떠다니면서 공간 전체로 확산된다. 이러한 반사의 세기는 표면의 색상에 따라 결정된다. 어두운 색은 적은 빛을 반사하므로 자연광이 부족한 방에는 밝은 톤으로 마감을 해야 한다. 흰색은 반사율이 가장 높은 색으로 빛의 80퍼센트에서 90퍼센트를 반사시키며, 어두운 색은 반사율이 20퍼센트 정도이다.

반사는 간접조명을 이용하여 공간을 밝힐 수 있도록 해 준다. 그 명칭이 암시하듯이 간접조명은 빛이 방의 표면으로부터 반사되어오는 현상을 이용하는 것에 기초를 두고 있다. 스포트라이트로부터의 빛이 흰 벽에 닿으면 빛은 다시 되돌아와 공간을 밝히게 된다. 이것은 국부조명으로서 충분하지 못하지만 특별한 분위기나 무드를 연출해 내는 데 유용하다.

펜던트와 벽등 펜던트 천장등 벽등

5.2 조명의 종류

— **테이블램프** Table lamps

테이블램프는 선반이나 책장, 주방의 선반 또는 어떤 종류이든 수평적 표면 위에 설치되도록 디자인된 광원이다. 구조는 주로 밑받침과 기둥, 그리고 머리 부분으로 되어 있다. 이런 종류의 조명은 램프의 강도와 램프 갓에 따라 기능성과 심미성에 있어서 다양하다. 이런 램프는 구체적이고 한정된 공간에 빛을 주기 위한 조명으로 이용된다. 독서나 바느질과 같은 특정 작업에 필요한 조명으로 제공되기에 좋은 도구이지만 사람의 눈과 가까이 하는 조명이므로 태양광선에 가장 가까운 백열전구를 사용하는 것이 무난하다. 탁자 및 콘솔 위에 올려놓은 테이블램프는 낮에는 실내디자인의 소품 역할을 하므로 구입 시 디자인과 색상, 크기가 전체 공간과 잘 어울리는지 고려해야 한다. 테이블램프는 국부조명이므로 전반 조명을 보완하는데 이상적이다.

— 스탠딩램프Free-standing lamps

벽등이나 천장등은 전기공사를 따로 동반하지 않는 이상 주택설계 단계에서 조명설계가 함께 이루어진다. 그러나 테이블램프와 스탠딩램프는 위치 이동이 용이할 뿐만 아니라 그 자체로도 실내디자인 소품의 효과를 가지고 있으므로 가장 쉽게 변화를 시도해 볼 수 있는 조명기구이다.

스탠딩램프는 보통 길고 가느다란 구조로 되어 있으며, 외부 지지물이 따로 필요 없도록 넘어짐 방지를 위한 밑받침이 있다. 가장 큰 장점은 독립적으로 사용할 수 있는 것으로 이동이 가능하고 활동 기능에 맞게 선택할 수 있는 점이다.

스탠딩램프를 거실이나 침실 코너에 세워 놓은 것은 가장 보편적인 방법이다. 액자나 사진을 강조하는 스포트라이트로 이용할 수도 있고, 각도를 조정할 수 있는 스탠딩램프라면 천장을 향하게 하여 실내를 더욱 아늑하게 꾸밀 수도 있다.

— 천장등

천장면에 부착된 천장등은 매우 일반적인 조명으로서 공간의 장식적 요소가 될 뿐만 아니라 전반적인 조명을 만들어 낸다. 또한 매입등에 비하여 설치가 쉽고 경제적인 장점이 있다. 천장등은 국부조명을 보완하며 통일성이 있으나 천장이 높은 방인 경우엔 빛의 세기가 많이 부족할 수도 있다. 전반조명을 하려면 이런 종류의 천장 조명을 사용할 수 있으나 구체적인 작업을 위해서는 국부조명으로 보완해야 한다. 고정된 천장의 요소를 이용한 조명 시스템은 균일한 전반조명으로 설치하기에는 좋지만 특징과 흥미로움을 주기에는 부족하다. 램프 갓은 천장 조명의 일부분으로서 훌륭한 라이트 디퓨저이고, 눈부심을 방지해주며, 공간 전체에도 빛을 고루 분포시켜준다. 이런 종류의 조명을 설치할 때 중요한 것은 눈에 직접 빛이 비치지 않도록 적절한 높이에 설치해야 한다는 것이다. 어떤 램프는 높이를 위아래로 조절할 수도 있다.

上) 천장등 1, 下) 천장등 2

펜던트등이라고도 불리는 행잉램프는 장식적인 요소의 조명기구로서 빛의 조절도 용이하다. 천장에 매달린 형태로서 전선이나 체인, 코드 등과 함께 장식적인 효과를 높이며 좁은 천장이나 경사진 형태의 천장에서 더욱 공간 디자인의 요소로서도 작용할 수 있다. 저녁식사 테이블에 이상적이며, 산뜻하고 사교적인 공간을 조성한다. 다소 화려한 식당에는 펜던트등이 구역을 구분하는 역할을 할 수도 있다.

— **매입등**Recessed lighting

매입등은 실내디자인에서 매우 인기가 있다. 천장에 광원이 숨어 있고 빛이 하향으로 투사된다.

일반적으로 백열 다운라이트Down light는 직접조명일 경우가 많은데, 빛에 의한 강조부분과 그림자의 성격 등을 조절해 주는 역할을 한다. 다운라이트는 천장의 표면을 깔끔하게 정리하는 형태를 갖고 있으며, 효과적이고 알맞은 빛의 사용과 유지관리가 쉽다. 빛의 강도조절, 색의 변화 등이 가능하며, 밝기 조절 또한 용이하다. 또한 렌즈와 함께 사용되는데, 이로 인한 부드러운 빛과 그림자의 효과가 나타나므로 잘 이용한다면 좋은 빛을 얻을 수 있다. 빛의 분포방식은 크게 전반조명ambient lighting과 국부조명task lighting으로 나눌 수 있으며, 월 워싱wall washing기법과 악센트 조명accent lighting은 가장 일반적인 공간조명 방식이다.

대부분의 매입등은 눈에 띄지는 않으나 효과적인 조명시스템이다. 이 조명들은 그림의 주방처럼 효율적인 분리 조명을 필요로 하는 공간에 이상적이다.

매입등

악센트 조명은 램프의 각도를 조정하여 물체나 특정 지역을 강조하는 방법으로 조각, 회화, 모델, 그래픽 등에 사용된다. 월 워싱 기법은 수직 벽면을 부드럽게 조명함으로써 공간 전체에 무드를 조성해 주는 기법이다.

매입등을 포함한 고정등은 전반조명으로서 가장 널리 사용되고 있으며, 국부조명으로 쓰이는 스탠딩램프나 테이블램프와 같이 이동 가능한 요소로 보완되어야 한다.

거실에 스포트라이트나 매입등만을 사용하는 것은 방을 차갑고 엄숙한 공간으로 만든다. 작업조명과 함께 전반조명은 실용적이면서도 미적인 이유로 항상 추천되어 왔다. 그러나 건물에 고정된 매입등이 전적으로 유연한 것은 아니다. 많은 시스템들은 조도 조절기디머 컨트롤를 가지고 있으며, 방의 분위기는 특정구역에서만 선택적으로 불을 켬으로써 관리될 수 있다. 램프갓, 전구, 그리고 심지어 렌즈조차도 필요에 따라 다양하게 부응하도록 변화시킬 수 있다.

— 트랙조명Track Lighting

트랙조명은 광원이 지나가는 레일과 광원, 이 두 가지 요소로 구성되는데 이러한 조명의 특징은 다목적성에 있다. 트랙조명 방식은 라인 위의 어느 지점에서도 조명이 가능한 시스템으로, 알루미늄으로 된 그리드grid 모양의 선로 위에 매입, 직부, 펜던트 등의 여러 가지 방법으로 설치할 수 있다.

트랙조명은 아트갤러리나 박물관처럼 전시공간 용도로 쓰이는 공간의 요구에 부응할 수 있는 유일한 시스템이다.

아트갤러리나 박물관 등 전시공간 용도로 쓰이는 공간의 요구에 부응할 수 있는 유일한 시스템이다. 이와 같은 아이디어는 주거공간에도 적용될 수 있다. 예를 들어 시간이 지나면서 현저한 변화가 있어야 하는 아동실과 같은 공간이나 가구나 그림을 변화시키고자 하는 경우에 이런 트랙 조명은 매우 유용하다.

— 스포트라이트Spotlights

천장이나 벽, 바닥에 설치하거나 트랙에 부착하여 빛의 방향과 각도를 조절할 수 있는 집중조명이다. 필요한 곳을 기능적으로 밝히며, 보다 매력적으로 극적인 효과를 내기 때문에 거실, 주방 등에 효과적으로 많이 사용된다.

스포트라이트

다른 종류의 전구 사용이 가능한데, 일반 전구, 반사기가 큰 전구, 그리고 여러 가지 다양한 사이즈의 할로겐전구가 있다. 물체에 초점을 주기 적당한 전구는 좁은 광선이

조명은 공간에 심미성을 부여하기 위한 중요 요소이다. 넓은 공간에 풍부한 빛을 제공하고 가정의 편안한 분위기 창출을 위해 몇 가지 다른 종류의 빛 요소를 설치하는 것은 좋은 아이디어이다.

나오는 작은 사이즈의 전구가 가장 적당하다.

스포트라이트를 어떻게 사용하느냐에 따라 여러 가지 다른 종류의 빛과 분위기를 만들어 낼 수 있다. 만일 스포트라이트가 아래로 모아진다면 물체의 그림자는 바닥으로 떨어질 것이다. 그림자가 시야에 거슬린다면 스포트라이트를 기울여서 반사와 순수한 빛 사이에 있는 원하지 않는 선을 제거하여 그림자를 길게 늘어뜨릴 수 있다. 이러한 방식으로 반사현상도 피할 수 있다.

빛을 위로 비추면 매우 장식적인 효과를 줄 수 있다. 빛이 거의 반사되지 않으면서도 특별한 작업을 실행하기에 충분한 빛을 제공하기 때문에 전반조명으로 적당하지만, 작업용으로는 광원을 너무 낮게 위치시켜야 하기 때문에 그다지 실용적이지 못하다. 대신 업라이트Uplight라고 하는 천장으로 빛을 넓게 비추는 스탠딩램프 형식의 제품을 사용할 수 있다. 물론 천장을 반사면으로 사용하면 천장이 너무 강조되어 보이므로 천장이 특별히 건축적으로 흥미로울 때만 이용할 만한 가치가 있다. 그러나 코니스에 하이라이트를 주길 원한다면 업라이트를 사용하도록 한다.

벽을 향하는 스포트라이트는 방을 좀 더 넓어 보이게 한다. 특히 벽에 아름다운 그림이나 마감재, 태피스트리 등이 걸려 있을 때는 장식적인 역할까지 한다. 만일 스포트라이트를 이용하여 벽에 걸린 장식품을 비추기 원한다면 스포트라이트를 벽 가까이에 두는 것이 좋다. 그러나 벽에 부드러운 조명을 주길 원한다면 대략 90cm 정도 떨어진 곳에 스포트라이트를 위치시키고, 스포트라이트로 작업공간을 밝히고자 할 때는 그림자가 작업표면에 떨어지지 않도록 유의해야 한다.

— 벽등 Wall-mounted lamps

일반적으로 브래킷bracket으로 불리는 벽 부착용 조명으로 천장과 벽에 반사되어 공간에 퍼지는 빛은 다른 조명에 비해 한결 은은하고 부드럽다. 조명방식에 따라 스콘스(위쪽이 오픈 되어있는 업라이트 방식), 브래킷(선반에 달려 있는 방식), 반사램프(아래쪽이 오픈되어 빛의 방향이 바닥을 향하는 방식) 등으로 나누어진다.

벽면에 부착하는 브래킷은 조명이 어느 방향, 어떤 방식으로 열려 있느냐에 따라 빛의 실루엣이 달라지므로 기구의 모양뿐만 아니라 빛의 모양도 충분히 고려하여 선택하는 것이 좋다. 브래킷을 설치할 때 중요한 것은 설치되는 위치이다. 브래킷을 너무 낮은 위치에 달면 아래에서 올라오는 빛이 시야를 방해할 수 있다. 따라서 브래킷은 바닥에서 170cm 정도 되는 눈높이 수준으로 설치하는 것이 좋다.

벽등은 스탠딩램프가 방해가 될 수 있는 공간인 복도나 현관에 많이 사용되며, 특정 공간의 부분조명으로도 쓰인다.

벽등

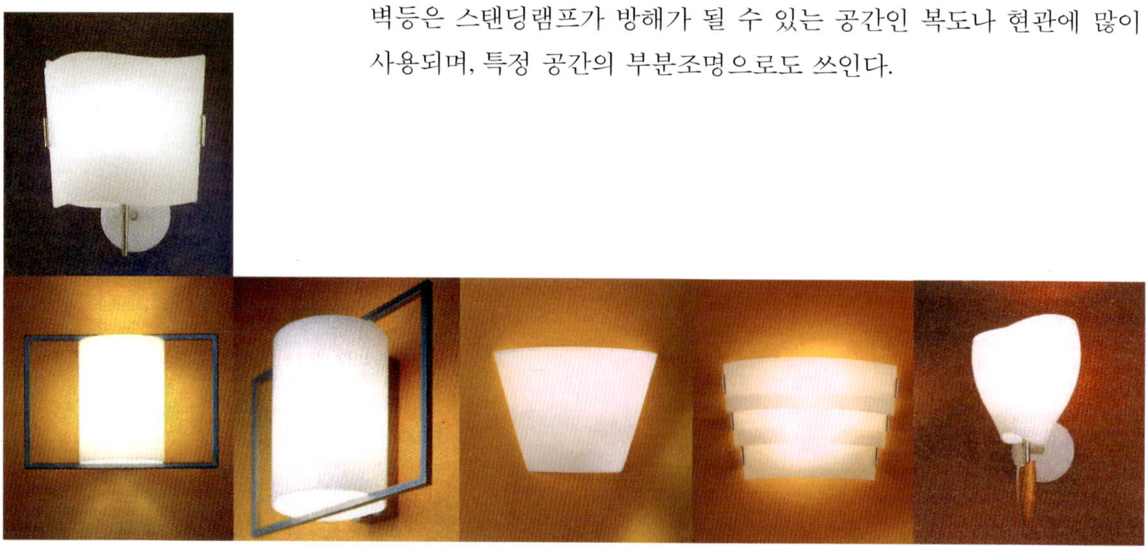

Design Hint
도움이 되는 디자인 힌트

① 밝은 색상은 더 많은 빛을 반사하므로 특히 어두운 방에 적절하다.

② 자연광이 지나치게 많이 들어오는 방을 덜 자극적으로 만들려면 필요 이상의 빛을 흡수할 수 있도록 어두운 톤을 사용하는 것이 좋다.

③ 촛불이나 벽난로와 같은 전기 이외의 인공광은 중요한 장식적 역할을 한다는 것을 기억한다.

④ 전반조명은 작은 공간을 보다 넓게 보이도록 해준다.

⑤ 국부조명은 다양한 기능을 하는 여러 다른 공간들을 구획해 줄 수 있다.

⑥ 방의 조명이 유연해야 여러 다른 상황의 요구에 맞출 수 있다.

⑦ 조명을 선택하기 전에 광원이 발하는 빛의 양과 톤이 어떠한지 알아보아야 한다.

⑧ 각각의 활동은 각기 다른 조명 타입을 요한다. 예를 들어 푸른 빛 조명은 독서나 학습에 좋다.

6. 실내소품 및 세부요소

6.1 실내소품

실내소품은 실내디자인에 있어서 기능이나 미적인 효용성을 더해주는 물품을 말한다. 즉 공간에 통일된 분위기와 부분적 악센트를 주어 미적 충족과 예술적 효과를 강화하는 기능을 한다. 실내소품을 지나치게 사용하면 혼란감을 주기 때문에 많은 양을 사용하지 않도록 한다. 또한 주변 물건들과의 디자인 특성이나 색채조화 등을 고려하여 적절하게 배치하고, 개성이 잘 나타나는 실내소품을 선택하는 것이 좋다.

실내소품의 종류로는 그림, 조각, 골동품, 사진 포스터, 도자기, 장서, 그리고 시계나 전화기와 같은 제품 등이 있다.

6.2 실내소품 내장재

— 천커버Upholstery

천커버는 가구를 보다 오래 쓸 수 있는 좋은 방법이다. 가구를 폐기하기 전에 가구의 상태를 체크한 후, 다시 손질하는 것이 더 나을 수도 있다. 값이 저렴하다고 해서 항상 보기 싫은 것은 아니다. 천커버를 다시 할지 아니면 새 의자나 소파를 구입할지 확신이 안 선다면 임시방편으로 오래된 천커버 위에 담요나 원하는 직물을 덮어 사용해 보는 것이다. 그러나 곧 영구적인 해결책을 찾아야 할 것이다.

천커버를 위한 질 좋은 직물은 보통 가격이 높지만 다양한 가격대의 여러 가지 스타일의 직물이 공급되고 있다. 우선 낭비하지 않으려면 필요한 직물의 정확한 양을 알아보도록 한다. 직물의 질을 알고자 한다면 문질러 보거나 무게를 달아서 확인한다. 무거울수록 더 오래갈 것이다. 직물로 장식을 할 때에는 엄격하게 가구에 대한 관습을 따르

천커버는 가구를 보다 오래 쓸 수 있는
좋은 방법이다.

필요는 없다. 어느 정도의 즉흥적인 것도 가능하지만 천커버용이 아니라면 주름이나 접힘과 같은 문제들이 있을 수 있다는 것도 염두에 두어야 한다.

Check Points
• 체크포인트

① 만일 여러 공간이 서로 통일감 있어 보이는 조화를 원한다면 색상에서 공통점이 있어야 한다는 것을 기억할 것.

② 소음이 발생하는 곳에 직물을 통해 방음효과를 줄 것.

③ 작은 방이나 쉽게 어지러워지는 공간에 서로 다른 패턴의 직물을 사용하지 말 것.

④ 물이 튈 수 있는 욕실과 같은 공간의 벽의 자재로 목재나 직물을 사용하지 말 것.

⑤ 넓은 공간의 벽에 단조롭고 반복적인 패턴의 직물을 사용하지 말 것.(이러한 공간들을 위해서는 스타일을 조합하거나 포인트를 주는 것이 더 바람직하다)

⑥ 작은 방에 큰 바닥 타일이나 보드를 사용하지 말 것.(넓은 공간에서는 작은 바닥재 사용을 피해야 한다)

Design Hint
도움이 되는 디자인 힌트

① 소음이 있는 공간에는 방음효과를 위해 직물을 사용하는 것이 좋다.

② 커튼과 블라인드를 통해 빛을 조절할 수 있다.

③ 맨발로 다니는 공간은 카펫이나 목재 같은 보온성 바닥재를 사용하는 것이 좋다.

④ 사람들이 많이 다니는 곳은 대리석이나 천연돌 또는 타일과 같은 자재를 사용한다.

⑤ 인구순환이 잦은 곳은 페인트칠하는 것을 피하도록 한다.(타일이나 대리석이 청소하기도 쉽고 오래 유지된다)

⑥ 벽마감재와 바닥재가 잘 조화되면 서로의 효과를 더 높여줄 수 있으므로 동시에 선택하는 것이 바람직하다.

주거공간 디자인의 이론과 실제

chapter 05

주거공간의 조명

주거공간의 조명

chapter 05

적절한 조명은 효과적인 공간디자인을 위한 열쇠이다. 엄선된 가구와 색상, 질감, 그리고 패턴이 존재하더라도 적합한 조명이 없다면 아무런 의미가 없다. 조명은 무엇보다 먼저 그 용도가 중요하며, 실용적이고 편리해야 한다. 그러나 심리적으로도 상당한 영향을 미치므로 단지 밝기만 고려된 것이 아닌, 유유자적함이나 온화함, 쾌적함 등의 조건이 배려되어야 한다. 조명은 인간에게 있어서 평온한 장소인 침실을 평화롭게 가라앉은 분위기로도, 호화롭고 멋있게도, 신선하며 발랄한 느낌으로도 연출할 수 있다.

이와 같이 조명은 밝게 하는 기능뿐만 아니라 분위기를 조성하는 역할을 가지고 있다. 물리적으로 너무 지나치게 밝게 하면 눈의 피로와 정신적 불안감을 유발할 수 있으므로 조명의 선택시, 공간의 분위기와 적합하고 적당한 밝기를 가진 것을 고려해서 선택해야 한다.

빛이 닿는 곳에 따라 원근감, 공간감, 구조적인 모양을 강조하고 입체적인 음영을 줄 수 있으며, 특정한 정서적 효과, 분위기, 양식 등을 만들어 낼 수도 있다. 어떤 환경에 비슷하게 접근한다던가, 또는 그대로 보이게 할 수도 있고, 아침인지 저녁인지, 날씨가 어떠한지도 암시할 수 있다. 조명은 회화적인 아름다움을 강조하고 시대적인 배경을 보여주기도 하지만, 반대로 아무 매력도 없는 무미건조한 분위기도 만들어 낼 수 있으므로 주의해서 사용하도록 한다.

조명기구로부터 방출되는 빛의 양은 럭스lux로 측정된다. 대부분의 조명상품은 와트나 빛의 세기인 럭스로 전기의 소모량을 나타낸다. 각각의 공간에 어느 정도의 빛이 필요한가에 대한 기준이 설정되어 있는데, 부엌에는 8.25㎡(2.5평)당 200럭스의 빛이 필요하고, 거실이나 욕실, 복도에는 100럭스, 그리고 침실에는 대략 50럭스의 빛이 필요하다. 정확한 수치는 공간의 사용목적에 따라 달라지기 때문에 이러한 기준은 대략적인 가이드이다.

우선 염두에 두어야 할 것은 각각의 광원은 특정 기능에 적합한 빛의 종류를 가지고 있어야 한다는 것이다. 램프는 빛을 여러 다른 방향으로 투사할 수 있다. 직접적으로, 상향으로, 하향으로 또는 간접적으로 초점을 주거나 투사할 수 있다.

조명도 다른 디자인과정과 함께 계획되어야 한다. 색상, 모양, 그리고 질감은 모두 빛에 의해 상호 영향을 받게 되어 있다. 표면에 따라서 빛이 다른 강도로 반사되고, 공간의 밝기에 직접적 역할을 하기도 한다. 일반적으로 흰색이 많이 포함된 밝은 색상은 더 많은 빛을 반사하며, 어두운 색상은 많은 빛을 흡수하므로 방은 좀 더 집중적인 조명을 요구하게 된다.

1. 자연광과 인공광

1.1 자연광

자연광은 방의 조명을 계획할 때 첫 번째로 고려해야 할 요소로서 주간의 밝은 하늘을 이용하여 창으로부터 받아들이는 빛을 말한다. 단,

자연광은 학습이나 휴식을 위해서 자연스럽게 밝혀져야 하는 공간에 이상적이다.

직사광을 직접적으로 광원으로서 이용하는 것은 부적절하다. 물론 야간을 위해서는 인공조명을 계획해야 할 것이다. 직사광 이외의 자연광은 공간에서 충분히 확산된 빛을 제공하며, 직사광에 비해 그 밝기의 변화가 적어도 일반적으로 많이 이용된다.

인공조명도 효과적이고 아름답지만 집이 편안하게 쉴 수 있는 공간이 되게 하려면 자연광이 필수적이다. 자연광은 사람으로 하여금 시간을 느끼게 하면서 실내에서 변화하는 미묘한 톤을 즐기게 해주고 스트레스 없이 일할 수 있게 하며 자연에 좀 더 가까이 갈 수 있도록 한다.

자연광은 창의 형태나 크기, 위치 등에 따라 채광효과가 달라지고 바닥, 천장, 벽 등의 반사면에 크게 영향을 받는다. 천장까지 높게 뚫린 창이나 밝게 마감된 천장은 빛을 실내 깊숙이 끌어들이고, 어둡고 짙은 색의 바닥이나 벽은 빛을 흡수한다. 자연광은 계절, 일기, 시각에 따라 항상 변하고 있으므로 실내에 불필요한 빛은 커튼이나 블라인드 등으로 조절할 필요가 있다.

방으로 들어오는 빛의 양과 종류는 창문이 어떤 방향을 향하고 있는가에 따라 달라진다. 적도 위에서 북쪽을 향하는 창문의 경우, 초여름에만 직사광을 받기 때문에 일년 내내 빛의 양이 적다. 동쪽이나 서쪽으로 향한 방의 경우 초봄과 초가을에 전면의 수직적 빛을 받는다. 남쪽을 향한 방은 더 많은 양의 좋은 빛을 받으면서도 여름에는 방으로 직사광이 거의 들어오지 않는다.(반사광이 충분하기 때문에 직사광이 들어올 필요가 없다) 남 · 동향이나 남 · 서향의 방은 여름에 햇빛이 적당량 들어오고, 겨울에는 방 전체에 빛이 도달하기 때문에 가장 좋은 방향이라고 할 수 있다.

커튼과 블라인드, 그리고 창문은 공간의 밝기를 조절하는 중요 요소들로서 강한 빛을 완화시키거나 오후에 잔잔한 느낌을 즐길 수 있게 한다.

커튼이나 블라인드 또는 인공광을 계획할 때에도 방의 방향을 고려하는 것은 중요하다. 보통 완벽한 자연광은 낮에 인공광이 필요 없음을 의미하지만 모든 상황이 언제나 그런 것은 아니다. 인공광은 자연광에 대한 보완으로서 설치되어야만 할 것이다. 북향 방은 하루동안 자연광에 대한 변화가 거의 없는 방임을 기억해야 할 것이다. 방의 벽 색상이나 반사 빛의 양도 고려하도록 한다.

1.2 인공광

자연광은 인간을 수동적으로 만들지만 인공조명은 거주자의 필요에 따라 통제되는 능동적인 연출이 가능한 영역이다. 물론 벽난로나 촛불이 조명 역할을 할 수도 있지만 가장 흔한 인공광은 전기조명이다. 낮과는 달리 신비스러운 공간을 조성할 수도 있다. 인공조명에 의한 빛은 자연광과는 달리 광원을 동원하여 빛의 명암을 즐기거나 조절이 가능하고, 빛의 방향성이나 색감 등을 비교적 자유로이 만들어 낼 수 있으므로 공간의 용도와 작업 목적에 따라 빛을 연출할 수 있다.

경치가 있는 창은 장식과 조명으로서 중요한 요소라 할지라도 저녁시간과 밤에는 인공조명이 사용된다는 것을 기억해야 한다.

인공조명은 두 가지 기본적인 기능을 한다. 집을 편안한 장소로 느끼게 하면서 거주자의 행동을 밝혀주는 기능을 한다. 집을 편안한 장소로 느끼게 하기 위해서는 심미성이 고려되어야 한다. 조명은 방과 그 안에 있는 요소들을 수정하여 보여준다. 좋은 인공광은 개방공간의 경우 방에 따뜻함과 넓은 느낌을 주고, 다른 요소들도 분명하게 보이도록 해준다. 조명은 시대적 배경이나 극적인 효과를 연출하고자 할 때도 중요한 디자인의 열쇠가 되며, 태피스트리나 도자기의 선명한 색상에 하이라이트를 주면서 클래식 가구의 조각 부분에 음영을 줄 수도 있다. 인공광은 공간에 대한 인식을 바꾸어 놓을 수 있다. 전반조명은 공간을 넓어 보이도록 하지만 국부조명은 반대로 방을 보다 작게 느끼도록 한다. 또한 조명은 다목적 공간을 작은 공간들로 분할하여 서로 다른 분위기를 만들어 낼 수도 있다.

2. 공간의 조명계획

공간의 조명을 계획할 때 가장 기본적인 고려사항은 전기조명 설치의 상태이며, 그 다음으로 공간에서 이루어지는 활동에 따라 각 공간의 요구를 고려해야 한다. 거실은 휴식을 위한 장소이다. 그러나 때로 학습이나 사무공간 또는 독서를 할 수 있는 공간으로 사용될 수 있는지도 고려해야 한다. 이러한 활동들은 효과적인 국부조명을 필요로 한다. 그 다음 단계는 방에 초점을 줄 포인트를 결정하는 것이다. 앤틱가구나 시선을 끄는 디자인 또는 벽의 그림 등이 적절한 조명만 받으면 공간의 중심적 특징이 될 수 있다. 특정한 목적 없이 산만해 보이는 공간에는 통일성을 주기 위해 분위기를 연출하는 조명을 이용할 수 있다.

각각의 조명은 고유의 특징적 톤과 조명스타일을 가지고 있다. 조명의 전구는 기본적으로 백열등과 형광등 두 가지가 있다. 전구는 자연광보다는 붉지만 스펙트럼에 모든 색을 포함하고 있다. 조명재료를 구입할 때에는 전체 장식계획과 알맞은 종류의 빛을 제공하는 조명을 찾아내야 한다. 또 다른 문제는 방에서 이루어지는 활동에 적합한 조명을 찾아내야 한다는 것이다. 예를 들어 흰색 빛은 너무 눈부신 빛을 만들어 낼 수 있기 때문에 독서나 작문활동에는 적절하지 못하고, 오히려 푸른 톤의 전구가 좋다. 푸른 전구는 종이를 침정시켜 편안한 불빛을 제공하기 때문이다.

램프는 장식적 오브제가 되기도 한다. 이러한 램프는 휴식을 위한 빛과 스타일 양자 모두를 제공해야 한다.

조명계획의 성공은 스위치를 충분히 설치하고 적합한 램프를 배치하는 것뿐만 아니라 정확한 곳에 위치시키는 것에 달려 있다.

계획단계에서 또 다른 중요한 사항은 융통성 있는 조명을 설치하는 것이다. 서로 다른 가족구성원이 여러 가지 활동을 수행할 수 있어야 하므로 공간은 유연해야 한다. 예를 들어 침실은 쉬고 취침을 하는 공간으로 부드러운 조명을 필요로 하지만 어떤 때에는 학습공간이나 사무공간으로 사용될 수 있어서 국부조명을 필요로 할 수 있다.

우리는 다음의 세 가지 조명의 특징을 구별해야 한다. 전반조명은 배경을 위한 조명이다. 전반조명의 기능은 균형있고, 통일성 있는 분위기를 만들어내는 것으로 보통 천장등이나 벽등을 통해 얻어진다. 국부조명은 음식의 준비나 식사 또는 독서와 같은 작업을 위한 특수한 기능을 가진 조명이다. 국부조명은 할로겐 스포트라이트나 형광튜브, 테이블램프 또는 스탠딩램프를 통해 얻어진다. 장식용 조명은 가구나 그림 또는 건축적 특징이 시선을 끌게 하는 것처럼 심미성을 위한 역할만 한다. 그림 위쪽에 벽등을 설치할 수도 있고, 스포트라이트가 가구에 초점을 줄 수도 있다. 광원은 그 자체가 장식요소로서 기능적 가치뿐만 아니라 미적인 부분에 기여를 한다. 널리 사용되고 있는 장식 조명의 좋은 예로 촛불을 들 수 있다. 이처럼 조명은 빛을 제공할 뿐만 아니라 장식물이 될 수도 있다. 따라서 빛의 필요량에 대해서도 고려해야 하지만 조명 때문에 잘못된 분위기를 만들어내는지도 함께 검토해 보아야 한다.

주거공간의 조명을 계획할 때 꼭 기억해야 할 것은 대부분의 램프가 조도 조절기dimming control를 가지고 있다는 것이다. 이 조도 조절기를 통해 빛의 세기를 필요에 따라 조절할 수 있다. 조명이 유연할수록 거주자의 요구에 더욱 잘 부응하며 편리하게 해주므로 조명계획 시에 조명이 개별적으로 켜질 수도 있고, 한꺼번에 켜질 수도 있는 유연성을 고려하도록 한다.

마지막 단계는 전선이 방해가 되서는 안 된다는 것이다. 일반적으로 각 방의 문 옆에 하나, 침대나 소파 옆 또는 책상처럼 가장 많은 시간을 보내는 곳에 하나, 그리고 벽마다 하나씩 조명 스위치를 둔다. 벽이 옆으로 긴 경우, 스위치를 하나 이상 둘 수도 있지만 가구나 다른 장식적 요소를 함께 고려해서 설치해야 한다. 조명관리에 있어서도 소홀함이 없도록 해야 한다. 주방이나 욕실과 같이 전기기구를 꽂아야 하는 공간에는 플러그가 물에 닿지 않도록 멀리 두어야 한다. 주방 내의 플러그 위치는 조리대에 가까운 곳과 식기세척기 및 냉장고 뒤쪽이 좋다.

아이들은 어른만큼 키가 크지 않다는 것을 잊지 말고, 램프를 설치할 때는 모든 가족구성원에 닿을 수 있는 적절한 높이에 위치시키고, 눈부심을 피할 수 있도록 해야 한다. 램프의 위치 지정시, 아이들은 스탠딩램프나 테이블램프를 넘어뜨릴 수 있음에도 유의하여 설치한다.

시각적으로 특징이 있는 건축적 형태나 재미있는 형태의 가구들이 있는 주택에서의 조명은 그 요소들의 매력적인 특성에 초점을 주기 때문에 더욱 중요한 부분이다.

3. 주거공간의 조명

3.1 현관과 입구

집의 첫인상을 가져다 주는 주택의 입구는 들어오는 사람들을 환영하고 거주자의 모습을 반영해야 하므로 조명기구는 천장이나 벽에 부착되어 아래로 발산하는 스타일이 좋다. 현관은 이러한 기능 때문에 주거공간 중에서 장식적 차원이나 조명의 차원에 있어 극적인 터

현관조명

치를 주기 위해 적합한 공간이다. 감흥을 줄 수 있는 스포트라이트나 호기심 가는 그림자를 만들어내는 스탠딩램프는 다른 공간에는 적절치 못하지만 입구의 홀부분에는 적합한 조명이다. 이곳은 오래 머무르지 않고 지나치는 공간이기 때문에 사람이 있을 때는 켜지고, 지나면서 자연히 꺼지는 센서가 부착된 조명기구가 효율적이다.

3.2 복도와 계단

일반적으로 복도는 특별한 활동이 이루어지지 않는 순환공간이므로 적절한 전반조명만을 필요로 한다. 복도는 두 개의 서로 다른 분위기와 조명시스템을 연결해주는 공간이므로 눈이 쉽게 순응할 수 있도록 조성해야 한다.

계단에는 층계참을 선명하게 비추는 전반조명이 필수적이다.

계단은 조명의 실용적인 면보다는 심미적인 측면이 더 중시되는 공간이기 때문에 특별한 처리를 필요로 한다.

예를 들어 복도의 조명은 거실과 같은 환한 공간과 그보다 어두운 욕실을 부드럽게 연결해 주어야 한다.

계단은 조명의 실용적인 면보다는 심미적인 측면이 더 중시되는 공간이기 때문에 특별한 처리를 필요로 한다. 종종 계단은 고유의 조명을 가지고 있지 않고 복도나 층계참과 같이 주변의 공간이나 요소의 조명에 의존한다. 그러나 이러한 경우는 바람직하지 않으며 대신에 선명하게 계단을 비추는 전반조명이 무엇보다 필요하다. 층계참에서는 벽등과 같이 덜 직접적인 조명을 사용할 수도 있다.

계단이나 복도의 적당한 곳에 스위치를 설치하는 것은 조명 자체만큼이나 중요하다. 이런 곳들은 순환공간이므로 한 곳에서 간단히 켜고 끌 수 있어야 한다. 적절한 곳에 위치시키려면 공간의 동선들을 잘 연구해야 한다.

3.3 주방

주방은 음식을 만드는 작업공간이므로 기능적인 면을 우선적으로 고려해야 한다. 조리하는 재료가 신선한지 음식에 불순물이 들어가는지를 확인하려면 그림자가 생기지 않는 충분한 밝기가 필요하다. 이렇게 주방용 조리대는 찬장 밑에 감추어져 설치된 매입등이나 특수 작

업조명이 필요한 구역이다. 이 주방 조명들은 음식에서 나오는 연기와 기름기 때문에 쉽게 더러워지므로 먼지나 기름기가 잘 닦이는 것을 고르는 것이 좋다. 형광 튜브는 아름답지는 않지만 음식준비를 하는 작업에 효과적인 조명을 제공하고 스포트라이트보다 더 저렴한 장점을 가지고 있다.

주방은 실용적인 조명 설치를 요구하지만, 이것이 심미성이 간과될 수 있음을 의미하는 것은 아니다.

3.4 욕실

물을 자주 사용하는 욕실의 조명으로 가장 이상적인 형태는 전구를 완전히 덮을 수 있는 고정된 유리구의 천장등이나 매립된 다운라이트이다. 펜던트용 천장등은 젖은 손이 닿을 우려가 있고, 스포트라이트도 물기에는 부적절하다. 따라서 천장이나 벽에 매립된 전반조명을

할로겐 램프가 욕실에 자주 쓰이는 이유는 차갑고 깨끗한 푸른 불빛의 방출이 이러한 타입의 공간에 적합하기 때문이다.

조명은 기능적인 본래 목적을 수행할 뿐만 아니라 장식의 한 부분이 될 수도 있다.

설치하고, 세면대나 거울의 주위에 국부조명을 따로 설치하면 화장을 하거나 면도할 때 얼굴에 그림자가 생기지 않아 기능적이면서도 매력적인 분위기를 만들어 낼 수 있다.

샤워커튼을 치고 샤워를 할 경우, 커튼으로 빛을 가려 자칫 어두워질 우려가 있다. 이럴 때는 샤워를 하는 욕조 위에 따로 조명을 설치하거나 천장등의 위치를 잘 선정해서 욕조 주위에도 빛이 잘 비춰질 수 있도록 한다.

3.5 식당

식당은 사람들이 음식을 먹고 즐기는 기능이 우선시되므로, 조명 또한 그 점에 초점을 두어 설치되어야 한다. 식당 전체를 약간 어둡게 만들고 식탁 부분만 밝게 비추면 사람들의 주의를 집중시킬 수 있다. 식당에서의 조명은 요리가 맛있게 보이게 하는 역할도 한다. 식탁 위로 내려오는 행잉램프나 샹들리에가 여기에 적합한 조명이며, 이 조명등의 높이는 눈높이와 같거나 그보다 약간 높게 해서 눈부심이 없도록 한다. 황색 계통의 등은 다른 색깔보다 음식을 맛있게 보이는 효과가 있다. 만일 테이블의 위치를 나중에 바꿀 생각이 있다면 전반조명을 설치한다. 이 빛은 테이블램프나 스탠딩램프 혹은 촛불로 보

테이블 중앙에 걸려 있는 행잉램프나 샹들리에는 식사를 위한 가장 좋은 조명이다.

특별한 날, 식당은 국부조명만으로도 분위기를 조성할 수 있으나 전반조명이 일반적으로 사용된다.

완될 수 있다. 촛불은 식탁이나 식당의 수납장에 따뜻함과 친밀감을 제공할 수 있어서 가까운 친구나 가족과의 식사분위기에 적절하다.

3.6 거실

거실은 여러 가지 다양한 활동들독서, 대화, 식사, 바느질, 학습, TV시청이 이루어지는 다목적 공동 생활공간이기 때문에 매력적이면서 유연성 있는 조명이 필요하다. 그러나 단점 없이 서로 다른 요구에 부응하는 조명 시스템을 만들어내기란 까다로운 작업이다. 따라서 넓이와 사용목적에 맞게 조명을 설치해야 한다.

아파트일 경우 늘어지는 형태의 샹들리에는 눈에 거슬리는 그림자를 만들어 낼 수도 있고 때때로 불충분한 빛을 주기 때문에 이보다는 천장에 붙는 전반조명을 설치하는 것이 훨씬 바람직하다. 여기에 간접조명이나 불투명한 유리를 씌운 조명을 이용해 온화한 느낌을 연출하는 것도 좋다. 전반조명 보다 더 밝게 할 필요가 있는 부분에는 간접조명을 설치한다. 다운라이트나 벽등을 이용하여 부분적인 밝기를 보충하고 거실의 외진 부분에는 스탠딩램프를 놓는다.

전반조명을 보완하는 국부조명은 모든 활동에 적합하도록 유연해야 할 것이다. 독서나 바느질을 위한 의자 옆에는 스탠딩램프가, 학습을 위해서는 작업램프가, 간단한 식사나 TV시청을 위한 사이드테이블 위에는 테이블램프가 있어야 할 것이다. 일단, 거실에서 어떤 활동을

전반조명을 보완하는 거실의 국부조명은 모든 활동에 적합하도록 유연해야 할 것이다.

할 것인지 생각해보고 그에 따라 어떤 조명이 필요할지를 생각한다. 이러한 두 종류의 조명을 적절히 결합시키면 어떠한 상황에도 적합하게 사용할 수 있는 공간이 형성될 것이다.

3.7 침실

침실은 거주자를 상징하는 다기능적이며, 편안한 공간을 말한다. 무엇보다 우선 침실은 긴장을 풀고 에너지를 재충전할 수 있는 편안한 공간이어야 한다. 동시에 오늘날의 침실은 학습이나 독서, 음악감상, 그리고 옷 같은 개인 소유물을 보관하는 곳으로 사용되기도 한다.

침실에 조명을 연출할 때는 침대 양옆에 눈이 부시지 않을 정도의 테

침대 옆 조명의 전통적인 위치는 나이트테이블 위나 침대 한쪽 벽면이다.

이블램프나 벽등 혹은 스탠딩램프를 활용한다. 보통 13.2㎡(4평) 크기의 침실에는 40W의 테이블램프혹은 스탠딩램프 2개와 60W 밝기의 조명 하나면 적당하다. 집안 전체가 밋밋하고 단조로운 느낌이 날 때에는 거울 앞에 스탠딩램프를 놓는다. 침실 화장대에 부분 조명을 설치하면 빛이 반사되어 화사한 분위기를 낸다.

수면과 휴식이 주가 되는 공간인 침실에서는 조명이 매우 중요하다. 침실에서는 누워서 생활하는 시간이 많으므로 시각적인 부담을 최소화해야 한다. 휴식에 적당한 조명으로 전반조명을 설치하면 책을 읽거나 화장을 하는 등 다른 활동을 할 때 다소 불편하므로 부분조명으로 보충하도록 한다. 화장대나 사이드 테이블 위에는 조도 조절기를 부착하여 밝기 조절이 가능하도록 한다.

3.8 작업실 및 서재

학습공간이나 서재는 주로 작업을 하는 공간으로서 조명의 장식적인 측면은 기능적 측면보다 덜 중요시된다. 그러나 실용적인 접근이 중요하다는 것이 심미성을 무시하는 형편없는 디자인을 의미하는 것은 아니다. 독서하고 학습하는 공간에 천장등을 설치할 경우, 머리나 팔이 빛을 막을 수도 있기 때문에 천장등은 그리 좋은 선택이 아니다. 반면 스탠딩램프나 데스크램프에 빛을 조절할 수 있는 부분이 있다면 가장 좋은 결과를 줄 것이다. 조명은 시야를 가리지 않는 가장 편안한 위치에 설치해야 하며, 빛은 20도 나 그 이상의 각도로 책상을 비춰야 한다. 그렇지 않으면 눈에 거슬리는 그림자를 만들어낸다. 또 한 가지 유의해야 할 점은 대비현상으로 눈의 긴장을 유발할 수 있으므로 작업공간과 주변 사이에 과도한 대비를 피해야 한다는 것이다.

일단 조명의 기능적인 면을 충분히 충족시켜 놓은 다음에 장식적 요소도 다루도록 한다. 효과적인 심미성은 작업에 집중할 수 있는 적절한 분위기를 만들어준다. 장식조명은 국부조명이 필요하지 않는 공간의 한 부분에 그 자리를 잡을 수 있다.

자연광은 학습공간과 서재에 이상적인데, 여기에 시각적 조명효과를 고려하여 일반적인 전반조명과 국부조명을 함께 사용할 수 있다.

4. 오브제의 조명

조명의 주요 기능은 실용성이 우선이지만 어떤 특정 오브제에 하이라이트를 주어 그 오브제를 장식의 주된 요소로 만들 수도 있다. 모든 공간에 강조를 줄만한 그림이나 조각이 있지 않더라도 다른 장식적 요소(커튼의 아름다운 패턴과 같은 것)에 관심을 돌리게 할 수 있다. 이렇게 오브제를 강조하기 위해 사용되는 조명은 공간의 전반조명의 한 부분이 된다.

그림에 빛을 비추는 것은 그 주택에 특징을 더해 줄 수 있다. 여기에 방출되는 빛은 균일해야 하고, 유리나 액자에 반사되어서는 안 된다.(적절한 각도를 찾아내는 것이 중요하므로 여러 위치에서 시도해 봐야 한다) 그림 위쪽에 있는 천장 스포트라이트로 인해 액자의 그림자가 너무 무겁게 보이지 않도록 주의해야 하는데, 이러한 경우 천장의 스포트라이트는 일반적인 해결요소가 된다. 트랙으로 설치된 스포트라이트는 가장 좋은 위치를 찾게 해 줄 뿐만 아니라 벽에 하나 이상의 그림들이 걸려 있는 경우에는 특정한 그림에 하이라이트를 줄 수 있기 때문에 편리하다.

그림 위쪽에 있는 천장 스포트라이트로 인해 액자의 그림자가 너무 무겁게 보이지 않도록 유의해야 하는데, 이러한 경우 천장 스포트라이트는 일반적인 해결요소가 된다.

벽등은 그림을 비출 때 중앙 아랫부분보다 중앙 윗부분을 더 많이 비

추는 경향이 있다. 그림 전체를 비추도록 특수 제작된 램프가 가장 좋은 결과를 보여 준다. 마지막 선택사양은 벽에 초점을 주는 조명을 바닥에 설치하는 것으로 극적인 결과를 얻을 수 있으나 상당한 비용이 든다.

책들이나 그림 혹은 다른 예술 작품들과 같은 오브제들은 특수조명을 필요로 한다.

태피스트리에 조명을 주는 것은 그림에 조명을 주는 것과는 본질적으로 다르다. 그 이유는 빛이 직물을 낮은 각도로 비추는 경우, 긴 그림자가 형성되어 결과적으로 태피스트리의 질감이 강조되기 때문이다.

장식품이나 화병 또는 골동품들과 같이 작은 물건들은 국부조명이 적합하며 선반 밑으로 가려진 작은 전구가 효과적인 해결책이라 할 수 있다. 스포트라이트를 천장에 설치하면 너무 많은 빛이 선반에 의해 가려지기 때문에 그다지 적합하지 못하다. 큰 조각상은 전체 장식

* Design Hint

도움이 되는 디자인 힌트

① 계단조명은 실용적인 것이 좋다.(계단이 분명히 보여야 한다)

② 복도나 계단의 조명 스위치는 찾기 쉽고 조작하기도 쉬워야 한다.

③ 주방의 조리대 위는 국부조명이 필수적이다.

④ 할로겐 전구는 차갑고 깨끗한 빛을 내기 때문에 욕실에 특히 적합하다.

⑤ 거실에는 여러 상황에 적합한 유연성 있고 효과적인 조명이 필요하다.

⑥ 작업이나 독서, 혹은 학습하는 침실에서는 적절한 국부조명을 설치해야 한다.

⑦ 일반적으로 사무공간이나 서재, 학습공간, 그리고 작업공간과 같은 곳에는 장식조명보다는 실용적인 조명이 더 중요하다.

⑧ 테라스나 정원 등의 실외에서는 조명이 실용적이면서도 장식적이어야 하고, 오솔길이나 계단에는 초점을 맞춰 주어야 한다.

⑨ 무조건 많은 전구나 램프를 설치하는 것보다는 먼저 각 공간의 목적에 맞는 균형잡힌 조명이 무엇인지를 알아내는 것이 좋은 조명의 비결이다.

계획에 있어 매우 중요한 오브제로서 신중하게 빛을 주어야 한다. 가장 좋은 방법은 영구적인 위치를 결정하기 전에 각기 다른 위치에서 스포트라이트를 시도해 보는 것이다. 실제로 해보기도 전에 오브제가 어떤 식으로 조명을 받을지 판단하는 것은 어렵다. 이러한 예술작품에 질감을 이끌어내기 위해서는 그림자가 필수적이다. 반대로 조각상이 벽에 기대어 있는 것이라면 배경과 조각상이 대비되어 조각상이 돋보이게 하는 것이 중요하다.

5. 실외공간의 조명

실외조명은 안전과 심미성이 동시에 요구된다. 외진 곳에 있는 넓은 면적을 가진 주택은 일반적으로 더 많은 조명을 필요로 한다. 도심지역의 거리조명은 어느 정도의 밝기를 제공하지만 어두운 밤에 열쇠를 찾을 수 있거나 방문자를 환영하는 분위기를 조성할 정도의 충분한 밝기는 주지 못한다. 그러나 지나친 조명 또한 이웃 주택들의 창문으로 조명이 들어가 눈을 방해할 수 있으므로 문제가 될 수 있다.

효과적인 실외조명은 꼭 밝아야 함을 뜻하지는 않는다. 스포트라이트는 산책로나 이동로 혹은 입구에서 주택으로의 경로를 밝혀 안내하는 용도로 사용될 수 있다. 또한 정문이나 입구를 조명하는 랜턴이나 조명등은 방문자들에게 따뜻한 메시지를 준다. 조명은 눈부심과 같은 시각 장애를 주지 않는 위치에 놓이게 한다. 주택의 입구는 가장 인상적인 건축요소로서 질감과 패턴의 대비에 초점을 주는 몇 개의 스포트라이트와 함께 밝혀질 수 있다. 그러나 지나친 입구의 조명은 건물의 외관을 단조롭게 보이게 한다. 조명은

색조명

스포트라이트를 물에 잠기게 하여 물에 조명을 줄 수 있는데 이 방법은 수영장에 특히 적합하다.

낮게 위치시키고, 조명관리 상자를 따로 만들도록 한다.

정원은 조명을 위한 최적의 무대가 될 수 있다. 효과적인 조명의 아름다움은 우리를 유쾌하게 하며 한 여름 실외에서의 식사를 위한 완벽한 배경이 되기도 한다. 일반적으로 약간의 색이 들어간 조명은 설치하기도 쉽고 재미있는 분위기를 연출해 낸다. 촛불은 별로 실용적이지 못하여 특별한 날에만 사용되지만 가장 낭만적인 선택이기도 하다. 나뭇잎의 후광처리, 정원구조의 실루엣 조성, 장식용 항아리에 스포트라이트를 주는 것은 모두 규모와 비례의 다양성과 그 역할에 따라 적용되고 이루어진다. 땅 속에 삽입된 업라이트나 지면의 랜턴 혹은 다운라이트의 설치는 장식을 목적으로 하는 조명 방법이다.

수영장이나 연못 또는 물을 포함하는 것을 조명할 때

정원을 조명하는 것은 장식만큼이나 기능성이 요구된다.

는 특별한 주의가 필요하다. 스포트라이트를 물에 잠기게 하여 물에 조명을 주는 방법은 수영장에 특히 적합하다.

실외조명은 기초 조명계획 및 설치가 필수적이고 안전이 우선시되므로 전문가에게 의뢰하여 설치하도록 한다. 또한 조명 설치물과 전선은 날씨나 온도에 항상 노출되어 있으므로 튼튼하고 안전해야 한다. 더불어 낮시간에 화초와 나무에 잘 조화될 수 있도록 녹색으로 칠하는 것이 좋다. 또한 조명의 스위치는 실내에서도 작동이 가능하도록 한다.

* Design Hint

도움이 되는 디자인 힌트

① 외부용 조명은 실용적이며 장식적이어야 하는 두 가지 기능을 수반한다.

② 정원의 대상물들이 특히 재미있고, 매력적으로 보일 수 있도록 주의 깊게 빛을 제공하도록 한다.

③ 색이 있는 조명의 빛은 축제의 분위기를 조성한다.

④ 물에 뜨는 촛불이나 랜턴은 수영장과 연못에 활력을 주며, 아름다운 광채를 더해준다.

⑤ 정원에 있을 때에만 정원을 즐길 수 있는 것은 아니라는 것을 명심하고, 주택 내부에서도 정원이 아름답게 보일 수 있도록 한다.

⑥ 통로, 계단 및 다듬어지지 않은 정원과 안뜰의 지면 위에도 적절하게 빛을 줄 수 있도록 특별한 주의를 기울이도록 한다.

⑦ 스포트라이트는 정원을 걷고 있는 사람의 시선을 가리지 않도록 위치시켜야 한다.

⑧ 건물의 전면을 비출 때에는, 건물 질감의 아름다움이 돋보이도록 하는 매혹적인 명암 창출을 시도하는 것이 좋다.

⑨ 촛불을 정원에서 사용할 수도 있으나, 특별한 경우와 예방조치를 고려한 후에만 사용한다.

⑩ 수영장은 수중용 스포트라이트로 비추어야 한다.

촛불은 특별한 날을 위한 이상적인 식탁의 완성품이다. 촛불의 불빛만큼이나 그 형태 또한 매력적인 요소이다.

6. 특별한 날을 위한 조명

우리는 일반적으로 조명이 불변하는 것으로 생각하여 친척이나 친구들을 위한 특별한 식사나 파티 준비를 위한 경우를 고려하는 일은 거의 드물다. 만일 그러한 순간을 생각해 본다면 어떻게 융통성 있고, 가변적인 조명 연출을 할 수 있는지와 마음을 끄는 편안한 방을 만드는데 도움이 되는 방법을 알아낼 수 있을 것이다. 더불어 조명은 놀라운 심미적 효과를 창출하며, 매우 매혹적인 장식물로서 상황에 따라 특별한 분위기로 변화시킬 수 있다.

촛불은 밤에 사용할 수 있는 특별한 조명연출 방법 중의 하나이다. 위에서 이미 아름다움의 균형을 위해 인공조명을 만드는 것이 어렵다는 것과 촛불의 따뜻함과 흔들리는 불빛에 대해 다루었다. 친지들에게 대접할 맛있는 음식과 촛불로 장식되어 있는 테이블은 유의해서 배치시

원하는 효과를 얻어낼 때까지 조명을 실험해볼 수 있다. 새로운 램프나 랜턴, 그리고 램프갓은 여러 시도를 가능하게 하는 세 가지 선택사양이다.

벽난로는 방안에 열정적이며 아늑한 분위기를 주는 빛과 따스함을 동시에 제공한다.

키도록 한다. 매우 저렴한 종이 램프 갓과 필터 촛불을 켜면 방이 더욱 밝아진다. 촛불은 욕실과 같은 주택의 다른 방들에서 스트레스를 푸는 동안에 편안함을 느낄 수 있도록 도와주는 우아한 보조물이기도 하다. 집안을 차분하게 하고 기분 좋은 장소로 만드는데 도움이 되는 향과 밀랍 초, 그리고 물에 뜨는 초들 또한 쉽게 구할 수 있다.

스탠딩램프와 같은 것은 이동 가능하게 디자인되어 있음에도 불구하고 대부분 한 장소에서 움직이지 않고 놓여진다. 그러므로 만일 다른 방들의 스타일이 스탠딩램프와 잘 어울린다면, 이 조명들을 다른 방들로 이동시켜 보는 것도 좋다.

Design Hint

도움이 되는 디자인 힌트

① 적절한 분위기와 주위환경을 조성하기 위해 각 조명의 용도 및 그 역량의 이점을 활용하도록 한다.

② 촛불은 잔치나 파티 테이블을 장식하기 위한 가장 좋은 방법이다.

③ 촛불은 욕실과 어울리면서 분위기 또한 차분하게 한다.

④ 벽난로의 불은 따뜻함뿐만 아니라 조명으로서의 역할을 함께 한다.

⑤ 독특한 조명을 얻기 위해 색이 다른 전구들의 사용을 시도해 보도록 한다.

⑥ 기존 조명에 새 갓을 씌우면 새로운 모습을 제공한다. 종이로 된 램프 갓은 값싸고 장식성이 높다.

⑦ 방의 조명변화를 위해서는 테이블램프나 스탠딩램프와 같은 이동형 조명을 옮겨 사용한다.

⑧ 좋은 분위기를 연출하기 위해 자연광과 여러 가지 타입의 인공광들을 혼합하여 사용하도록 한다.

chapter 06

주거공간의 색채

주거공간의 색채

chapter 06

색은 환경에 영향을 미치는 중요한 요소이며 인간정서를 발달시키는 역할을 한다는 점에서 실내디자인에서는 특히 중요하게 다루는 영역이다.

실내구성의 기본요소가 되는 바닥, 벽, 천장의 색채가 색채계획의 출발점이다. 여기에 커튼이나 가구가 부가되며 이러한 요소들의 색을 토대로 실내에 있는 모든 것의 색채를 생각해 나간다. 배색을 할 때에는 각 공간의 위치, 밝기, 조명 등을 참고하여 공간의 확대감과 축소감을 고려한다. 따뜻한 색은 공간을 보다 작게 보이게 하고 긴장을 풀기 위해 쉬고 싶어지는 아늑한 주거공간으로 보이게 한다. 밝고 차가운 색은 벽이 약간 뒤로 후퇴한 느낌을 주기 때문에 공간을 좀 더 넓게 보이게 한다. 또한 주조가 되는 색을 명확히 하고 사용 재료의 질감과 색을 고려하도록 한다. 어떤 경우는 색에 대해서 한정된 범위만을 원하지만, 질감은 공간에 따라 다른 질감을 사용할 수도 있고, 그 반대일 수도 있다.

색채계획에는 다음의 두 가지 방법이 많이 쓰이는데, 그 첫 번째가 유사색으로 정리하는 것이다. 이를테면 올리브색과 같은 침전된 색을 주로 하여 하나의 색이나 농도의 변화로 정리한다면 조용하고 침착한 실내 분위기가 형성될 것이다. 두 번째로 몇 개의 색으로 조화를 이루게 하는 것이다. 이 방법은 몇 가지 색의 조화가 실내 분위기를 만들어낸다. 유사색으로 구성하면 비교적 침착하고 평온한 실내 분위기가 조성되고, 보색관계의 색으로 구성하는 경우에는 활발하고 개성적인 공간이 될 수 있다. 하지만 강렬한 느낌이 들게 되므로 사용되는 색량이나 면적의 균형을 신중히 고려하여 조절해야 한다.

1. 색채

1.1 흰색과 중성색

흰색은 순수를 연상시키는 색으로 모든 톤과 잘 조화되기 때문에 공간디자인에 있어 가장 널리 사용되는 색이다. 흰색의 환경은 마음을 넓게 하고 정신이 성장할 수 있도록 여유를 얻게 만들지만 활동을 증진시켜 주는 색은 아니다. 그러나 자연계에서 얻어지는 흰색은 보다 부드러운 색조를 많이 지니고 있다. 흰색은 복숭아색과 노란색을 기조로 하는 따뜻한 흰색, 핑크빛 흰색, 푸르스름한 흰색, 그리고 빛나는 흰색 등이 있다. 빛나는 흰색은 특히 다른 색과 대비하는 곳에 가장 잘 쓰인다.

문이나 가구들이 돋보이지 않길 원한다면 중성색으로 칠한다.

흰색은 고요함과 평온함을 전달해 주며, 공간을 보다 크고 밝게 보이게도 하므로 작은 실내나 침실에 특히 적합하다.

중성색은 대부분 흰색을 많이 포함하고 있으나 원색이나 기본색, 그 어떤 계열로도 기울지 않는 색을 말한다. 이러한 정의로 인해 연분홍색이나 하늘색 같은 파스텔색들은 중성색에 포함되지 않지만, 크림색은 중성색으로 여긴다. 많은 중성색들은 돌, 흙, 나무, 짚, 모래와 같은 천연재료나 금속, 유리, 그리고 콘크리트와 같은 인공재료를 연상시킨다. 특히 천연재료를 연상시키는 베이지, 갈색, 녹색 등의 소박한 중성색은 내추럴 컬러로도 불린다. 중성색은 시간이 지나도 그 아름다움을 잃지 않는 특성이 있을 뿐만 아니라 다른 색들과 쉽게 조화를 이룰 수 있기 때문에 디자인에 있어 특히 실용적인 색이다. 또한 차분하고 마음을 진정시키는 색으로서 벽걸이 그림이나 태피스트리의 배경색으로도 이상적이다. 만일 공간이 너무 무거운 느낌을 준다면 중성색을 사용하여 밝고 가벼운 느낌을 줄 수 있다. 고전건축물과 모던가구의 양식을 중성색으로 대비시킬 수 있으며, 문이나 가구 혹은 비품들이 돋보이지 않도록 하기 위해 중성색으로 칠할 수도 있다.

흰색은 공간에 고요함과 평온함의 메시지를 주고, 공간을 보다 크고 밝게 보이게도 하기 때문에 작은 공간이나 침실에 특히 적합하다. 순백색은 태양 빛을 받으면 따뜻한 느낌을 준다. 반면 인공조명 아래에서는 차가워 보이므로 약간의 빨간색이나 노란색 또는 갈색을 더함으로써 이러한 단점들이 극복될 수 있도록 한다. 온통 흰색으로 마감된 공간은 검정색으로 된 공간만큼이나 차가운 느낌과 공포감을 줄 수 있으므로 다른 색과 조화시키거나 사용되는 면적을 조절함으로써 유쾌한 분위기를 만들 수 있도록 한다. 또는 나무나 돌과 같은 중립적 특성의 물체들과 여러

중립톤은 시간이 지나도 아름다움이 남아 있어 자주 리모델링하거나 수리하지 않는 공간에 사용될 수 있다.

Check Points

• 체크포인트

① 복잡한 색들을 조화시키기 위해서 중성색을 이용할 것.

② 중성색으로 가득한 공간에는 색의 터치를 도입하여 생기를 줄 것.

③ 작은 침실은 중성색으로 칠해 넓으면서도 따뜻하고 밝게 보이도록 할 것.

④ 물체가 눈에 돋보이기 원하는 것은 중립색으로 칠하지 말 것.(이런 처리는 오히려 물건을 배경화한다)

⑤ 차가운 공간에 중립적 푸른색과 회색을 사용하지 말고, 빨간색 또는 노란색의 중립톤을 사용하여 따뜻함을 줄 것.

⑥ 온통 흰색으로 마감된 공간은 장식에 몇 가지 다른 색을 곁들이거나, 중립적 특성의 장식품들과 여러 가지 다양한 천연 질감의 재료를 함께 조화시켜 사용할 것.

가지 다른 천연 질감의 재료들을 사용하여 단조로움과 차가운 느낌을 해결할 수 있도록 한다.

* Design Hint
도움이 되는 디자인 힌트

① 흰색과 중립톤은 예술작품이나 태피스트리를 돋보이게 할 수 있는 이상적인 배경색이다.

② 건축적으로 무게감 있게 보이거나 어떤 것을 배경화시키고 싶은 공간에 중성색을 사용한다.

③ 중립톤은 시간이 지나도 아름다움이 남아 있으므로 자주 리모델링하거나 수리하지 않는 공간에 사용한다. 또는 어떤 공간이 좀 오래되어 보이는 듯한 느낌을 주는 경우에도 사용할 수 있다.

⑤ 흰색과 중성색은 다양한 장식적 스타일을 조화시켜 주는데 가장 좋은 색이다. 그러한 색들은 한 가지 스타일과 다른 스타일사이의 중립적 전환공간으로 작용되기 때문이다.

⑥ 회색 금속이나 회색 콘크리트, 이 두 가지 중립톤은 최첨단의 현대적 분위기를 만들어내는데 특히 적합한 색이다.

⑦ 중성색은 모든 색과 잘 조화를 이루므로 중립톤의 직물(카펫이나 커튼 또는 태피스트리)은 장식할 때 큰 도움이 될 수 있다.

⑧ 전체 색상이 중립톤인 방에 생기를 주려면 어두운 색이나 검정색 등으로 극적인 느낌을 주는 것도 좋은 방법이다.

흰색과 중성색은 다양한 장식적 스타일을 조화시켜 주는데 가장 좋은 색이다.

중성색은 모든 색과 조화를 잘 이루므로 중립톤의 직물은 장식할 때 큰 도움이 될 수 있다.

회색의 중립톤은 최첨단의 느낌의 현대적 분위기를 만들어 내는 데 특히 적합한 색이다.

건축적으로 무게감 있어 보이게 하거나 어떤 것을 배경화 시키고 싶은 공간에 중성색을 사용한다.

1.2 노란색

태양과 생명의 색으로서, 황금으로 빛나는 깨끗한 흙색을 상징하는 노란색은 전통적으로 주방을 칠하는데 사용되어 왔다. 또한 쾌활하고 즐거운 이미지로 친숙해지기 쉬우며 따뜻함이 느껴지기 때문에 모든 공간에 적합하다. 만일 침실의 노란색이 거주자에게 좋은 느낌을 준다면 그러한 분위기를 집 전체로 옮겨가도 괜찮을 것이다. 인상주의 화가, 모네는 식당을 노란색톤으로 장식했다고 하며, 이러한 식당은 특별히 따뜻한 공간이 될 수 있다. 모네처럼 할 필요도 없이 페인트작업이나 벽지 또는 백열등을 이용하여 따뜻하고 가정적인 분위기를 만들어 낼 수 있다. 노란색은 태양과 여름을 연상시키기 때문에 열대지역과 지중해 지역의 나라에서 널리 사용된다. 특히 실외에서 긴 낮 시간을 즐길 수 있는 해안지역에서 많이 사용된다.

노란색이 거주자에게 좋은 느낌을 준다면 그러한 분위기를 집 전체로 옮겨가도 괜찮을 것이다.

노란색은 눈에 잘 띄는 색이므로 신중히 다루어야 한다. 쇼핑몰과 당구장과 같은 곳에서 많이 사용되기 때문에 주거공간의 색으로는 꺼려지게 된다. 시선을 끄는 색이므로 너무 남용하지 않는 것이 좋으며, 따뜻한 느낌을 자아내게 하는 데는 약간의 사용으로도 충분하다. 노란색에 흰색을 섞으면 크림색 또는 매우 연한 노란색이 되는데 그런 색들은 흰색으로만은 얻을 수 없는 따스함을 더해 준다. 그렇다고 노란색이 항상 따뜻한 느낌을 주는 것은 아니다. 빨간색을 약간 띄게 해야 이러한 특성이 나올 수 있다. 순수한 귤색의 노란색은 따스한 느낌을 준다.
지금까지는 노란색의 장점을 살펴보았다.

흰색 옆에 노란색을 칠한다면 따뜻함이 더욱 강조될 것이다.

다음으로 역사상 노란색이 부정적 평가를 받

인상주의 화가, 모네는 식당을 노란색톤으로 장식했다.

노란색에 흰색을 섞으면 크림색 또는 매우 연한 노란색이 되는데 그런 색들은 흰색으로만은 얻을 수 없는 약간의 따뜻함을 더해 준다.

왔던 내용도 알아보도록 한다. 노란색은 무대에서 배우들에게 불운을 준다고 전해져 왔으며, 특히 광기의 색으로 간주되어 왔다. 그러나 예술의 역사에 있어서 노란색의 사절이 하나 있는데, 그가 바로 네덜란드 화가 빈센트 반 고흐로서, 그가 해바라기와 밀밭 그림에서 사용한 노란색톤의 아름다움은 많은 사람들을 놀라게 하였다. 그의 작품을 보는 것만으로도 노란색의 따뜻함과 그 표현력을 의심할 수 없을 것이다.

- 노란색은 삼원색 중의 하나로서 보라색이 보색이다.
- 노란색은 스펙트럼에서 가장 빛나는 색으로 정의할 수 있다.
- 노란색은 따뜻함을 주고 긍정적 에너지를 고취시키는 데에 사용된다.
- 노란색은 따뜻함, 에너지, 그리고 행복을 상징한다.
- 우리는 노란색을 해바라기, 수선화, 앵초, 태양, 그리고 황금과 같은 자연 속에서 발견할 수 있다.

Check Points

• 체크포인트

① 흰색 옆에 노란색을 칠하는 경우, 따뜻함이 눈에 더 띔.

② 노란색을 초록색, 파란색, 그리고 선명한 분홍색과 조합할 것.

③ 어둡고 차가운 공간에 노란색을 사용하면 더욱 가정적인 느낌을 줄 수 있고 자연광을 더 강화할 수 있음.

④ 노란색을 파스텔 톤과 조합함으로써 파스텔톤이 노란색 옆에서 더 우울해 보이지 않도록 할 것.

⑤ 너무 강렬한 노란색을 사용하지 말 것.(너무 강렬한 노란색은 눈에 너무 많이 띌 뿐만 아니라 같은 수준의 힘 있고 보완적인 색을 필요로 한다)

⑥ 황금색의 노란색톤을 지나치게 사용하지 말 것.(적절히 사용하면 분위기를 따뜻하게 해 주지만 너무 많이 사용하면 공간이 오만하고 차가워 보일 수 있다)

귤색은 밝은 느낌을 특징으로 하며 행복하고 젊은 분위기를 만들어낸다.

— 노란색 계통

장식에 사용되는 노란색은 4가지 그룹으로 분류할 수 있다.

귤색Citrus yellows은 밝은 느낌을 특징으로 하며, 행복하고 젊은 분위기를 만들어낸다. 이러한 노란색에 강렬한 변화를 주면 다시 한 번 시선이 그 쪽으로 가게 유도할 수 있다. 그러나 극도의 귤색톤은 너무 강렬해 보일 수 있으므로 피하도록 한다.

황토색은 차분해 보이며, 따뜻하면서도 깨끗하고, 절제된 분위기를 만들어내지만 밝고 힘 있는 부분은 조금 덜하다. 또한 고급스러운 느낌을 주며 자연 속에서 흔한 색으로 실외에 있는 느낌을 준다.

계란 노른자색은 약간의 빨간색이 포함되어 있어 좀 더 강한 에너지와 따뜻한 느낌을 준다. 눈에 띄는 선명한 톤이기 때문에 다량으로 사용하기는 어렵고 벽지나 패턴과 함께 약간의 악센트나 극적인 세부장식을 위한 곳에 사용하기 좋다. 이런 색은 같은 수준의 정력적인 색으로 보완되어야 한다. 주황색은 빨간색을 많이 포함하고 있어 방에 열대지방의 느낌을 준다.

금색, 구리색, 그리고 황동색은 따뜻하고 우아하며 고전적이고 호화롭기까지 하다. 너무 많이 사용하면 산뜻한 느낌을 해칠 수 있으므로 절제해서 사용해야 한다.

Design Hint
도움이 되는 디자인 힌트

① 노란색은 태양의 아들이자, 생명의 색이 되며, 황금으로 빛나는 깨끗한 흙색을 상징하기도 한다.

② 노란색은 쾌활하며 즐거운 이미지로 친숙해지기 쉬운 밝은 색이다.

③ 따뜻함과 자연광을 연상시키는 특성 때문에 어둡고 차가워 보이는 방에 이상적이다.

④ 연노란색은 매우 유연성 있는 색으로 회색이나 차가운 파란색이나 라벤더색과 잘 어울리며, 행복감을 불러일으킨다.

⑤ 노란색은 개인공간이 아닌 복도와 같은 연결 공간을 더욱 산뜻하게 보이도록 해 주는 이상적인 색이다.

⑥ 노란색과 보라색은 많은 활동이 있는 공간에 적당한 색으로 극적인 대비를 이룬다.

⑦ 강렬한 노란색은 매우 따뜻하다. 그러나 공간에 무리를 주지 않기 위해서는 똑같이 강렬하고 활기찬 톤과 조합되어야 한다.

⑧ 흰색은 노란색톤의 따뜻함을 강조한다.

⑨ 황동색톤은 우아하고 고전적인 공간을 창출하는데 완벽한 색이다.

⑩ 같은 노란색 계열이라도 크림 옐로우는 부드럽고 온화하다.

1.3 빨간색

태양이나 불을 상징하는 빨간색은 역사적으로 위험을 경고하는 색으로 쓰였고, 사람들의 관심을 유도하기 위한 광고에도 많이 사용되어 왔으며, 인류에게 있어 원점의 색이라고도 할 수 있다.

빨간색은 심리학적인 효과로 인해 다른 공간보다 거실이나 식당에 더 많이 사용된다. 색의 효과에 대한 연구결과를 보면 빨간색은 식욕을 돋우고 사람을 수다스럽고 사교적이게 만드는 특성이 있다고 한

공간에서 빨간색을 적당량 사용하면 완벽한 균형을 이룬 풍경을 만들어 낼 수 있다.

빨간색은 중립톤이나 초록색 또는 파란색이 지배색인 전원주택보다 도심의 주택에 더 적합하다.

순수한 빨간색은 다른 색에 비해 돋보이며 대비시키기에도 좋다.

다. 빨간색이 많이 사용되면 아드레날린 분비를 촉진하여 심장 박동수를 증가시키고 따뜻한 느낌을 준다. 자연은 많은 붉은 색조를 제공하지만 정작 강렬한 빨간색abundant red과 같은 순수한 빨간색은 찾아보기 어렵다. 자연에서는 색이 전체적으로 나타나기 보다는 푸른 초원에 피어 있는 양귀비처럼 경치를 환기시키는 미묘한 터치로 자주 보여 준다. 예술의 세계에는 순수한 빨간색의 에너지에 매력을 느끼는 많은 예술가들이 있다. 유명 화가 중 몬드리안Mondrian, 미로Miro, 리히텐슈타인Lichtenstein 등은 모두 빨간색을 포함한 기본색들을 흰색이나 검정색과 함께 배색하였다.

이러한 힘과 강렬함은 빨간색이 신중히 사용되어야 함을 뜻한다. 빨간색으로 넓은 표면을 덮는 것은 권할 만한 것이 못된다. 자연이 빨간색 사용을 절제하면서도 효과적으로 사용했던 것과 같이 공간에서도 빨간색을 적당량 사용하면 완벽한 균형을 이룬 풍경을 만들어 낼 수 있다. 이런 이유로 빨간색은 중립톤이나 초록색 또는 파란색이 지배색인 전원주택보다 도심의 주택에 더 적합하다. 와인색이나 주홍색은 빨간색에 변화를 준 색으로서 고전적이고 격식 있는 분위기에 적합하다. 순수한 빨간색은 다른 색에 비해 돋보이며 대비시키기에 좋다. 빨간색이 정열적이라면 주홍색은 그보다 더 정열적이므로 약간만 사용해도 아주 강렬한 느낌을 줄 수 있다. 전체계획에 극적인 터치를 주고자 한다면 절제하여 사용하되, 방이 압도적으로 되길 원하지 않는다면 더욱 미세한 톤을 고수하도록 한다.

주변을 둘러보면 자연은 주거공간 디자인에 활용할 수 있는 천연의 붉은 재료들을 제공한다. 빨간색의 테라코타나 나무는 전체의 조화를 깨뜨리지 않으면서도 따뜻함과 에너지를 제공하는 미묘한 톤이다. 세라믹 바닥, 벽타일 또는 부드러운 톤의 작은 장식품들 또한 빨간색의 터치를 더하는데 사용될 수 있다. 밝은 주홍색은 식당이나 거실과 같이 산뜻한 방을 장식하는데 이상적이다. 이러한 빨간색의 색조는 촛불에 비춰졌을 때 특히 우아하다.

- 마젠타색으로서의 빨간색은 삼원색의 하나이며, 녹색이 보색이다.
- 빨간색은 열의, 분노, 힘을 상징하고, 태양, 피, 석양, 적신호, 따뜻함, 장미꽃을 연상시키는 가장 정렬적인 색으로 정의된다.
- 빨간색은 심장속도를 가속화하고 혈액순환을 향상시킨다고 알려져 있다.
- 빨간색은 활동적이며 강하고, 화려하며 생동감이 넘친다.

Check Points

• 체크포인트

① 밤에 주로 사용되는 공간 장식에는 분홍색을 사용할 것.(부드러운 조명이나 촛불은 따뜻하고 편안한 분위기를 조성한다)

② 작고 어두운 공간을 밝고 좀 더 넓어 보이게 하려면 분홍색을 사용할 것.

③ 공간을 자연스럽고 따뜻하게 하려면 흙색이나 테라코타의 자연스러운 붉은색을 사용할 것.

④ 차갑고 어두운 분위기에 차가운 분홍색조(이런 색은 파란색을 포함하고 있다)를 사용하지 말 것.

⑤ 페미닌 핑크(Feminine pink)를 사용하지 말 것.(어린 소녀의 침실을 장식하는데 남용되어 왔다)

⑥ 어두운 방을 장식하는 데, 어두운 붉은 색조를 사용하지 말 것(따뜻함을 제공하긴 하지만 방을 더 어두워 보이게 할 수 있다)

— 빨간색 계통

빨간색은 적자색 계열에서부터 주적색 계열까지 있으며, 그 이미지가 미묘하게 변화한다. 예를 들어 홍적색은 어두운 빨간색이며, 순수한 빨간색은 정열적이면서 강렬하고 화려하다. 이것이 주홍색이 되면 우아하고 성숙된 이미지를 갖는다. 강렬한 빨간색은 같은 정도의 강렬한 톤과 배색되어야 한다. 너무 많이 사용하면 결국 눈에 자극을

빨간색은 주거공간에 너무 자극적일 수 있으므로 절제해서 사용해야 한다.

줄 수 있으므로 절제하여 사용하도록 한다. 특히 주거공간에는 너무 자극적이고 위압적인 색이므로 다른 색과의 면적비를 고려해서 신중하게 다루어야 한다.

와인색과 주홍색들은 방에 우아함과 풍요로움, 그리고 고급스러운 느낌을 더해 준다. 그 흙빛톤은 전원 속의 상쾌함과 가을을 연상시킨다. 이러한 색들이 보여주는 따뜻함은 파란색, 초록색, 흰색, 그리고 심지어 황금색을 완벽하게 보완한다. 분홍색조는 빨간색 색조와 별도로 다루어져야 한다. 분홍색은 친근하고 화려하면서도 기분 좋은 색으로 방에 따뜻한 에너지를 제공하지만 빨간색만큼 눈에 띄지는 않는다. 선택하는 분홍색톤이 어떠한 분홍색톤인지에 주의를 기울이도록 해야 한다. 어린 소녀의 침실에 사용되는 전형적인 페미닌feminine 분홍색톤은 피하는 것이 좋다. 분홍색은 흰색과 파란색의 색조에 잘 어울리고 노란색과도 조화롭게 대비를 이룬다.

* Design Hint

도움이 되는 디자인 힌트

① 빨간색은 태양이나 불을 상징하며, 위험을 경고하거나 관심을 유도하기 위해 사용되어 왔다.

② 빨간색은 식욕을 돋우고 사람을 수다스럽고 사교적이게 만드는 특성이 있으며 따뜻한 느낌을 준다.

③ 빨간색은 전원주택보다 도심의 주택에 더 적합하다.

④ 순수한 빨간색은 다른 색에 비해 돋보이며, 대비시키는 곳에 활용하기에 좋다.

⑤ 세라믹 바닥, 벽타일 또는 작은 장식품들을 빨간색의 터치를 더하는데 사용한다.

⑥ 밝은 주홍색은 식당이나 거실과 같은 공간을 산뜻하게 하기에 이상적인 색이다.

⑦ 빨간색은 주거공간에 너무 자극적일 수 있으므로 다른 색과의 면적비를 고려하여 다룬다.

⑧ 강렬한 빨간색은 같은 정도의 강렬한 톤과 배색되어야 한다.

⑨ 와인색과 주홍색들은 공간에 우아함과 풍요로움, 그리고 고급스러운 느낌을 부가하며 이 색들의 따뜻함은 파란색, 초록색, 흰색, 그리고 황금색을 완벽하게 보완한다.

⑩ 분홍색은 흰색과 파란색 색조에 잘 어울리고 노란색과도 조화롭게 대비를 이룬다.

1.4 파란색

하늘과 물을 나타내고 평화와 고요, 그리고 신선함, 이지적, 고독, 한랭의 감정을 연상시키는 파란색은 지구상에서 가장 풍부한 색이며, 톤의 범위 또한 광범위하다. 반면에 불안, 우울을 상징하는 부분도 있다. 파란색은 삼원색 중에서 가장 중립적이다. 하늘색은 순수함을 함축하는 반면 파란색은 바다를 연상시키기 때문에 깊이를 느끼게 한다.

파란색은 집의 어떤 방에도 적합한 색상이다. 신기하게도 침실을 파란색으로 칠하면 우리는 꿈의 많은 부분을 기억하게 된다고 한다. 파란색의 식당은 공허하면서도 고요한 방이 된다. 파란색은 위생적인 색상이면서 물을 연상시키므로 특히 욕실과 주방에 적합하다.

파란색은 색조 선택과 그것을 어디에 위치시킬 것인지에 유의해야 한다. 순수한 파란색pure blues은 지나치게 깨끗해 보일 수 있으나 빨간색, 주황색, 노란색, 보라색, 그리고 녹색과 섞으면 이런 효과를 피할 수 있다. 톤에서 벗어난 파란색조는 방을 너무 어두워 보이거나 차가워 보이게 할 수 있다.

파란색은 위생적인 색상이면서 물을 연상시키므로 특히 욕실과 주방에 적합하다.

파란색은 눈에 매우 부드러우며, 우리를 진정시키고 편안함을 느끼도록 한다. 코발트블루나 짙은 바다색을 포함한 푸른 색조는 고전적 분위기를 위해서 풍요로우면서도 우아하고 훌륭한 색이다. 인디고 블루Indigo blue 또한 고전적 장식을 위한 최고의 색이다. 파란색은 다른 푸른 색조와 독자적으로 조합되어서는 안 된다. 결과적으로 너무 차가운 느낌을 줄 수 있기 때문이다. 그러나 유연한 색이므로 다른 색들과 잘 배색될 수 있다.

파란색은 예술의 역사에 있어서 언제나 높이 평가되어 왔다. 이집트인들의 청금석 사용은 이러한 사실을 입증한다. 파란색을 사용하여 장엄한 결과를 만들어냈던 예술가들도 있다. 바실리 칸딘스키Wassily Kandinsky가 그 중 뛰어난 예술가이다. 그는 놀라울 정도로 강렬하고 시각적인 표현을 하기 위해서 파란색 색조를 조합시켰다. 파블로 피카소는 청색시대를 지낸 사람으로서 단 한 가지 색상으로 된 그림이 얼마나 풍요로울 수 있는지를 보여 주었다.

순수한 파란색은 너무 깨끗해 보일 수 있으나, 빨간색, 오렌지색, 노란색, 보라색 그리고 녹색과 섞으면 이러한 효과를 피할 수 있다.

코발트 블루나 짙은 바다색을 포함한 푸른 색조는 고전적 분위기를 위해서 풍요로우면서도 우아하고 훌륭한 색이다.

- 파란색은 삼원색 중의 하나이고, 주황색이 보색이다.
- 원색 스펙트럼 중에 가장 편안한 색이 파란색이다.
- 혈압이나 염증을 누그러뜨리기 위한 치료를 위해 사용된다.
- 파란색은 이완, 고요, 광활함, 그리고 신선함을 상징하며 이지적, 고독, 고뇌, 한랭의 감정을 연상시킨다.
- 우리는 하늘과 바다, 사파이어, 청금석 등의 자연 속에서 파란색을 찾아볼 수 있다.

Check Points

• 체크포인트

① 벽이나 물건을 후퇴되어 보이게 하거나 덜 중요하게 보이게 하려면 파란색을 사용할 것.

② 파란색이 너무 차가워 보일 수 있는 공간에는 노란색이나 주황색을 이용하여 따뜻한 감을 주도록 할 것.

③ 따뜻한 색이나 중성톤과 함께 섞어야 더 경쾌한 느낌을 줌에도 불구하고, 칙칙한 색깔인 회색조의 파란색을 차가운 톤과 배색하지 말 것

④ 파란색을 빨간색 혹은 주황색과 조합하거나 회색조의 파란색을 노란색조 빨간색과 조합하지 말 것.(이러한 혼합은 주거공간 디자인에 어울리지 않고 오히려 눈에 거스르는 효과를 줄 수 있다)

⑤ 자연광이 없는 방을 파란색으로 장식하지 말 것.(공간이 더 커 보일 수 있지만 개성이 부족해진다)

— 파란색 계통

파란색은 맑고 시원하며, 고상하고 고귀함의 이미지를 지닌다. 또한 청자색이 되면 이성적이며 단정하고 엄격하면서도 늠름한 이미지가 되어 조용한 색이 된다. 하늘색이나 파스텔조 파란색은 방을 더 밝고 넓게 보이게 한다. 그러므로 이런 색들은 작은 공간에 적합하다. 파란색에 빨간색 느낌이 더해진 색상도 파란색 계열에 포함된다. 빨간색 느낌이 들어간 파란색은 어둡고 차가운 공간에 적절하며, 미묘한 톤을 가지고 있어 어떤 타입의 방에 사용해도 쉽게 조화를 이룰 수

있다.

청록색과 남청색은 색의 조합에 녹색을 많이 가지고 있다. 이론적으로 이런 색은 주황색과 빨간색 사이의 색뿐만 아니라 녹색과 파란색과도 잘 조화된다. 또한 보라색과 노란색톤과도 잘 조화되어 재미있는 분위기를 창출해 낸다. 청록색은 고요하면서도 신선한 느낌을 더해 주며, 나무와 같은 천연재료와도 잘 조화된다. 그러므로 이러한 색은 미송재를 풍부하게 사용한 통나무집의 실내에 잘 어울리는 색이라 할 수 있다.

라벤더 블루Lavender blue는 분홍색조를 가지고 있는 따뜻한 색으로서 시골을 연상시키며, 마음을 진정시켜 주는 공간에 적합하다. 남색과 짙은 바다색deep-sea blue은 너무 강렬하고 개성이 강하기 때문에 자연광이 풍부한 식당이나 거실에 이상적이다. 여기에 흰색을 매치시키면 좀 더 쉽게 다른 색과 잘 어울릴 수 있다. 회색조의 파란색은 우아한 공간에 매우 잘 어울린다.

Design Hint

도움이 되는 디자인 힌트

① 재미있는 색의 대비를 만들어 내고 싶다면 파란색을 보색톤인 테라코타나 노란색 또는 주황색과 매치시킨다.

② 하늘색과 같이 밝고 차가운 톤은 작은 방을 더 넓어 보이게 한다.

③ 파란색은 차분한 특성 때문에 사무실과 같이 조용하고 집중이 필요한 공간을 장식하는 데 이상적이다.

④ 강렬한 톤의 파란색은 항상 같은 수준의 강렬한 톤과 조합되어야 한다는 것을 명심하도록 한다.

⑤ 자연광이 없는 작은 방을 장식하려면 남보라와 같이 따뜻한 색조를 지닌 파란색을 사용할 수 있다.

⑥ 파란색은 청결함과 물을 연상시킴으로 욕실과 같은 곳에 사용할 수 있다.(따뜻한 터치를 주어 방이 너무 차가워 보이지 않도록 해야 한다)

⑦ 파란색을 흰색과 매치시키면 바다와 신선한 공기를 상기시킨다.(만일 여기에 붉은 터치를 더한다면 역동적인 색으로 인해 비치하우스와 같은 곳에 이상적인 배색효과를 줄 것이다)

⑧ 마린(Marine)이나 코발트 블루(cobalt blue)와 같은 어두운 파란색(Dark blue) 톤은 따뜻한 느낌을 가지고 있어서 편안한 분위기를 만들어 낼 수 있다.

1.5 녹색

녹색은 인간생활의 원점과 번영을 나타내며, 평온함과 휴식을 주는 색이다. 자연은 우리에게 무한한 녹색의 범위를 보여주는데 잎이나, 줄기, 이끼, 잔디 등을 잘 살펴보면 각기 다른 특징을 지니고 있으나 모두 하나가 되어 어울리는 것을 알 수 있다. 자연은 이렇듯 녹색을 창조적으로 조화시킨다. 주거공간 디자인에 있어서도 이와 같은 결과가 가능하다. 자연풍경을 관찰하면 균형잡힌 색의 배색을 만들어내는데 도움을 받을 수 있을 것이다. 녹색은 단 한 가지 색으로 여러 가지 다른 밝기의 색들과 배색하여 분위기를 창조해 낼 수 있게 해 준다는

녹색은 단 한가지 색으로 여러 가지 다른 밝기의 색들과 배색하여 분위기를 창조해 낼 수 있게 해 준다는 점에서 다른 색들과 구별된다.

점에서 다른 색들과 구별된다.

방에 주도적인 녹색톤을 어떤 것으로 결정할 것이냐는 그것이 사용되는 용도에 달려 있다. 가볍고 밝은 녹색은 내재적으로 젊고 신선함을 지닌다. 황색조의 녹색은 벼에서 나온 한국풍의 자연색으로서 풍요롭고 정서적이다. 청색조의 녹색은 대나무의 청렬한 녹색으로 중국과 같은 북쪽지방에서 선호되는 색이다. 또한 터키석색과 같은 청록색이 되면 인공적으로 되어 도시적이며 이국적인 색으로서 모던한 이미지를 느끼게 한다. 근래에 젊은이들이 이러한 색을 선호하는 경향이 있다. 올리브색나 쑥색과 같이 어두운 녹색은 좀 더 형식적이고 인상적이다. 자연은 녹색이 녹색의 보색인 빨간색이나 분홍색뿐만 아니라 파란색의 다른 톤들(파스텔과 청록색)과도 잘 조화된다는 것을 보여 준다.

실내디자인에서의 녹색은 공간을 더욱 자연스럽고 신선하게 한다.

실내디자인에서의 녹색은 공간을 좀 더 자연스럽고 신선하게 한다. 방이 정원이나 실외에 가깝다면 녹색이 실외로부터 실내로 흐르고 있음을 의미한다. 침실에서의 녹색은 우아한 분위기를 연출해낸다. 녹색은 파란색처럼 마음을 진정시켜 주고 고요함을 준다. 녹색에서 변화된 색들 중에서 어떤 것

녹색에서 변화된 색들 가운데 몇 가지는 중립적이기 때문에 장식에 특히 유용하고 언제나 가정적인 분위기를 조성한다.

은 중립적이어서 장식에 특히 유용하고 가정적인 분위기를 조성한다.

캔버스에 녹색을 가장 잘 표현해 낸 화가 중에는 모네가 있다. 그는 상상할 수 있는 모든 녹색이 그의 작품 속 정원에서 빛에 의해 어떻게 영향을 받는지 보여 주었다. 자연풍경에 영감을 받은 세잔의 경우에는 다양하게 사용된 녹색을 그의 작품의 핵심요소로 만들었다.

- 녹색은 파란색과 노란색을 혼합해서 만들어진 기본색으로 빨간색이 보색이다.
- 우리는 녹색을 자연의 색이라 정의할 수 있다.
- 사람의 마음을 차분히 가라 앉혀주는 평온함과 휴식의 색이다.
- 녹색은 평화, 신선함, 질투, 순수, 조화, 그리고 자연스러움을 상징한다.
- 잎이나 잔디, 이끼, 그리고 에메랄드와 같은 자연 속에서 다양한 녹색을 찾아볼 수 있다

Check Points

• 체크포인트

① 실내와 실외공간을 연결시키는데 녹색의 자연스러운 특성을 이용할 것.

② 녹색을 보색인 적색과 조화시켜 감동적인 효과와 율동감을 만들어 줄 것.

③ 녹색을 분홍색이나 노란색, 빨간색, 그리고 다른 녹색의 밝은 톤과 결합시킬 것.

④ 초점을 주기 위한 벽이나 물건을 녹색으로 칠하지 말 것.(녹색은 중성톤이므로 배경색이다)

⑤ 한 공간에 너무 많은 녹색계통의 색을 배색하지 말 것.(녹색만으로는 지루해지고 너무 중립적일 수 있다)

⑥ 녹색을 마젠타톤과 조합시키지 말 것.(흥미로운 대비를 이룰 수 있지만 장식할 때 이런 식의 색채계획은 원하는 결과를 얻어내기가 좀 어려울 수 있다)

— 녹색 계통

나뭇잎 색이나 담황록색pistachio과 같은 밝은 녹색톤은 흰색 비율이 높아 연한 분홍색pale pink이나 금색조와 잘 어울린다. 녹색에 노란색을 혼합하면 어두운 공간에 광채와 따뜻함을 제공한다. 라임 그린Lime green

밝은 회색조나 갈색조의 녹색은 밝은 모던스타일의 가구와 잘 어울린다.

과 같은 감귤 그린색톤들은 서로 잘 어울린다. 그러한 색들은 대단한 생명력을 보여 주며, 노란색이나 파란색 또는 빨간색과 잘 어울린다. 흙색톤은 이러한 녹색의 효과를 강화시킨다. 애플 그린Apple green은 따뜻한 지중해의 색이다. 이 색은 강렬한 파란색 또는 노란색과 잘 조화되면서 바닷가를 연상시키는 분위기를 자아내며, 특히 전원적인 분위기에 적합한, 행복하고 생동감 있는 색채이다. 에메랄드 그린Emerald green과 같은 강한 녹색톤은 강렬하여 어두운 빨간색, 주황색 또는 노란색과 배색되어야 한다. 멋스럽게 혼합시켜 놓은 이러한 색들은 자연속의 꽃을 통해 얻어진 배색방법이다. 만일 빛이 적은 공간에 이와 같은 색상을 사용한다면 방을 충분히 밝게 보일 수 있도록 흰색과 배색시켜야 한다. 회색조나 갈색조의 녹색은 차가운 방을 어둡게 하는 경향이 있으므로 신중하게 사용해야 한다. 그러나 테라코타 및 나무와 같은 갈색 또는 빨간색톤의 천연재료들과 결합하기에는 좋다. 이러한 톤은 밝은 모던스타일의 가구와 잘 어울리며, 이러한 색상들이 주를 이루는 방에 형식적이지 않은 느낌을 주고자 한다면 크림색을 더해 볼 수도 있다.

Design Hint
도움이 되는 디자인 힌트

① 자연은 우리에게 디자인을 위한 모델로 사용할 수 있는 무한한 녹색의 배색을 선사한다.

② 강렬하고 밝은 녹색은 방에 쾌활한 느낌을 전해준다. 반면 어두운 녹색은 절제된 느낌을 준다.

③ 녹색은 실외와 실내를 연결시키는 이상적인 색으로 특히 정원이나 나무가 보이는 공간에 이상적이다.

④ 자연 속의 녹색이 꽃의 색들과 조화를 이루어 아름답게 보이듯이 주거공간에도 이와 같은 색채계획을 적용한다면 신선하고 자연스런 공간이 조성될 것이다.

⑤ 올리브색이나 쑥색과 같은 어두운 녹색은 갈색, 흙색톤, 그리고 이러한 분위기에 기조가 되는 중립적 밝기 톤과 조화를 잘 이루기 때문에 전원적 풍경을 주기 위한 가장 좋은 색들이다.

⑥ 라임이나 피스타치오와 같이 강렬하고 밝은 녹색은 지중해 해안을 연상시키며, 마음을 진정시키고, 더불어 여름의 모습을 가지고 있다.

⑦ 부드럽고 밝은 녹색톤은 편안한 느낌을 받을 수 있는 꾸밈없고 고요한 분위기를 만들어 준다.

⑧ 녹색을 청록색이나 파스텔 블루와 결합하면 서재나 학습공간과 같이 집중해야만 하는 공간을 만들어 내는데 이상적이다.

1.6 검정색

검정색은 물체가 모든 빛의 파장을 흡수했을 때 만들어지는 색기色氣가 없는 색으로서 아무런 색도 반사하지 않는다. 사람의 마음에 평온함과 온화함을 가져다줄 뿐만 아니라 대비를 목적으로 매우 뛰어난 색이다. 특히 따뜻한 색 옆에 있으면 매우 표현력 있는 배색을 연출한다. 검정색은 가장 기계적이고 기능적인 이미지를 나타내며 세련되고 현대적인 이미지를 가지고 있기 때문에 여러 계층에게 폭 넓게 선호되고 있다. 그러나 넓은 면적의 벽이나 천장에 검정색을 사용하면 정신력을 고갈시키고 부정적인 감정을 불러일으킬 수 있다.

검정색은 최종적인 결과를 예측하기 어렵고 잘못된 부분을 수정하기도 까다롭기 때문에 시작부터 아이디어가 분명해야 한다. 기대한 대로의 디자인효과를 얻으려면 사용했던 경험이나 뚜렷한 디자인 방향을 가지고 있어야 하는 색이다. 검정색으로 칠하려면 선택한 색을 칠하기 전에 밝은 색으로 몇 번 밑칠을 해야 한다. 가구에 검정색이 사용될 경우, 더러움이 눈에 잘 띄어 세밀한 관리가 요구됨에도 불구하고 인기가 높은 것은 모던한 이미지를 가지고 있기 때문이다. 하지만 밝은 채광과 잘 배치된 인공조명, 그리고 건축적 특징이 있는 요소들과 함께 검정색이나 다른 어두운 색을 잘 사용한다면 방이 완성되었을 때 분명히 인상적인 결과를 가져다 줄 것이다.

넓은 공간에서의 검정색은 특정 공간에 하이라이트를 주고 깊이감을 주는데 유용하지만, 현관과 같이 비좁고 조명이 흐린 방에는 갇힌 듯한 느낌을 주기 때문에 적절치 못하다. 어떤 공간들은 밝은 색들에 대비한 검정색을 병렬 배치함으로써 하이라이트를 줄 수 있다. 일반적으로 카펫이나 커튼, 그리고 가구를 통해 분위기를 너무 삭막하거나 엄숙하지 않게 조성할 수 있다.

흰색과 검정색은 완벽한 대비를 이루지만 노란색이나 다른 밝은 색들과의 대비 또한 흥미로우며, 대담하고 인상적인 효과를

검정색은 대비를 목적으로 매우 뛰어난 색이다.

넓은 공간에서의 검정색은 특정 공간에 하이라이트를 주고 깊이감을 주는데 유용하다.

공간 안에 밝은 색들에 대비한 검정색을 병렬 배치함으로써 하이라이트를 줄 수도 있다.

위해 이상적이다. 검정색이 기조색으로 사용된 공간에 생기를 주고자 한다면, 빨간색을 사용하면 된다. 또한 분홍색조의 중간색은 부드러운 배경을 만들어 준다.

Check Points

• 체크포인트

① 흰색이나 노란색, 그리고 회색과 같은 밝은 색과 검정색을 배색할 것.

② 검정색은 절제하여 사용하도록 할 것.(약간의 사용은 효과가 있으면서도 방을 어둡게 만들지 않는다)

③ 검정색을 갈색이나 어두운 녹색 혹은 짙은 파란색(deep blue)과 같은 어두운 톤과 배색하지 말 것.

④ 검정색을 직접적인 자연광이 닿지 않는(복도나 홀처럼) 좁은 공간에 사용하지 말 것.

⑤ 자극적이고 생기를 주는 빨간색은 검정색과 잘 배색되는 색이지만 적게 사용하도록 할 것.

Design Hint

도움이 되는 디자인 힌트

① 넓은 표면을 덮는데 검정색을 사용하는 것은 좋은 방법이 아니다. 그것은 정신력을 고갈시키고 부정적인 감정을 불러일으킬 수 있다.

② 물체가 돋보이거나 다른 요소들과 대비를 이루기 원한다면 검정색으로 칠하도록 한다.

④ 검정색을 회색톤과 잘 배색하면 형식적이면서 우아한 분위기를 만들어낼 수 있다.

⑤ 어떤 요소들을 강조하거나 깊이감을 주려면 넓은 공간에 검정색을 사용해 보도록 한다.

⑥ 좁은 공간이나 자연광이 없는 공간에 검정색을 사용하지 않도록 한다.

⑦ 대비효과를 주려면 검정색을 노란색이나 흰색과 같은 밝은 색 옆에 사용한다.

⑨ 검정색의 사용은 신중히 생각해야 한다. 수정작업은 비용이 많이 들 뿐만 아니라 시간소모가 크다.

2. 공간의 색채계획

디자인에 대한 감각은 사람마다 각기 다르므로 엄격한 법칙을 만들어 내기는 어렵다. 색은 보는 사람의 눈에 달려 있으며 주관적이다. 주거공간의 용도가 어떠한지 간략하게 살펴보고 여러 색들의 특성에 대비해서 공간들을 검토해 본다면 각각의 공간에 대해 적합한 계획이 무엇인지 찾을 수 있을 것이다.

2.1 현관

현관은 거주자뿐만 아니라 집을 방문하는 모든 사람들에게 환영의 메시지를 지닌 긍정적인 이미지를 주도록 디자인되어야 한다. 이곳은 집의 첫인상을 주는 곳이며, 첫인상을 바꿀 만한 두 번째의 기회는 주어지지 않으므로 현관의 중요성을 과소평가해서는 안 된다. 이곳에

현관에서는 더욱 따스한 느낌을 줄 수 있는 밝은 색을 사용해야 한다.

서 사용할 수 있는 색은 우리가 만들어내고 싶은 분위기에 따라 극적인 것이 될 수도 있고 긴장을 풀어주는 편안한 분위기가 될 수도 있다. 대부분 현관에서 보내는 시간은 매우 짧으므로 휴식공간에 사용하는 색보다는 진하고 생기 있는 색을 사용하도록 한다. 좁고 직접적인 자연광을 적게 받는 경우에는 따뜻한 느낌을 줄 수 있는 밝은 색과 조명을 사용하는 것이 바람직하다. 그러나 때로는 이곳에 어두운 색을 사용하는 경우도 있다. 어두운 빨간색과 녹색은 사치스러운 이미지를 연상시키지만 세련된 색이다. 베이지색나 흰색과 같은 중성색도 매력적이고 절제미와 안정감을 제공한다.

2.2 주방

청결함과 상쾌함, 더불어 심미성의 아이디어가 가장 중요한 주방과 욕실의 이미지에 적합한 색을 조사하면 청결하며 밝고 시원한 이미지를 연상시키는 흰색이 단연 으뜸으로 매치된다. 그래서 벽의 타일은 흰색이거나 대부분 맑은 청색淸色이고, 기본 이미지는 시원스러움을 추구한다.

오늘날 주방은 사람들이 모이는 장소로 확대되고 있지만 주방에서 주로 하는 일은 단연코 식사 준비를 하는 것이다. 그러므로 주방에 사용되는 색은 기분을 좋게 하고 창조성을 높이며, 아늑하고 편안한 분위기를 줄 수 있어야 한다. 음식을 잘 하려면 밝은 색상의 벽에 적절한 밝기의 조명이 좋다. 흰색에 가까운 회색류나 노란색이 효과적이다. 그러나 부엌을 온통 흰색으로 마감하는 경우, 깨끗하고 깔끔한 느낌은 줄 수 있지만 편안한 느낌은 주지 못하므로 그곳에서 시간을 보낼 생각이 들지 않게 할 수도 있다. 이런 경우, 흰색을 여러 색과 함께 사용하면 주방에 밝고 명랑한 느낌을 줄 수 있다. 이를 테면, 오렌지나 사과와 같은 자연식품이 가득 담긴 그릇을 배치하여 주방을 간

주방은 흰색에 가까운 회색류와 노란색이 효과적이다.

단한 방법으로 컬러풀하게 만들 수 있다.

2.3 식당

식당은 사람들이 모여 긴장을 풀고 즐거운 마음으로 식사를 할 수 있는 장소가 되어야 한다. 치료적인 차원에서 볼 때 갈색, 주황색, 빨간색과 노란색이 가지고 있는 따뜻한 색조는 활기를 제공해 준다. 특히 주황색의 모든 색조는 식욕을 돋우고 소화를 촉진시킨다. 패스트푸드점이나 음식점에서 주황 및 빨간색의 색조를 많이 사용하는 것도 바로 그러한 이유에서이다. 그러므로 소화를 도와주고 겨울에는 따뜻한 느낌을 주는 복숭아색이나 복숭아빛 색조의 노란색은 식당을 위한 최적의 색이 될 수 있다. 만일 별도로 식당 없이 주방에 식당이 포함되어 있거나 이러한 색들을 좋아하지 않는다면 이러한 색으로 된 식탁보나 냅킨 등을 활용하여 동일한 효과를 얻을 수 있다. 반면에 연두색, 보라색 등은 식욕을 저하시키는 색이므로 주의하도록 한다.

2.4 욕실

대부분의 욕실에는 자연광이 없으므로 충분한 인공광을 사용하도록 한다. 외출 준비를 하는 위생적인 공간으로서 청결하고 조용한 느낌을 줄 필요가 있다. 파란색과 흰색(너무 순도가 높으면 미온적으로 될 수 있다), 베이지색, 심지어 연한 노란색 계열 모두 깨끗한 느낌을 주기에 적절하다. 그러나 욕실을 온통 흰색으로 바르게 되면 욕실이

녹색은 욕실에 많이 사용되지는 않지만 욕실의 색으로도 무난한 색이다.

추워 보이고 에너지를 고갈시킬 수 있으며, 그곳에서 오랜 시간을 보내고자 하는 생각이 나지 않게 할 수 있으므로 다른 색을 도입해서 적절하게 조화시키도록 한다. 따뜻한 복숭아색 또는 핑크색조는 피부에 윤기를 주고 몸에 편안한 느낌을 주므로 욕실에 가장 잘 어울리는 색이다. 녹색은 욕실에 많이 사용되지 않았던 색이었지만, 욕실의 색으로 사용해도 무난하다. 그러나 녹색의 어두운 톤은 공간을 비좁아 보이게 하고 관리도 잘 안 된 느낌을 주므로 피하도록 한다. 만일 집에 지중해적인 느낌을 주고 싶다면 진한 파란색과 어우러진 하늘색turquoise이 욕실에 알맞은 색이라고 할 수 있다. 이러한 색들은 피곤하고 지친 심신을 상쾌하게 해 주고, 바다와 하늘의 시원함을 연상시켜 편히 쉴 수 있도록 유도한다. 겨울에는 추워 보일 수 있으나 운동 후에 샤워할 때는 특히 좋은 느낌을 준다.

2.5 거실

거실은 거주자의 개성과 관심사, 생활양식 등을 가장 잘 반영하는 곳이다. 또한 가족구성원이 모여 가장 많은 시간을 보내고, 친지나 친구들을 맞이하거나 독서를 하는 등, 다목적으로 사용되는 장소이기도 하다. 그러므로 이곳이 아늑하고 평화롭고 극적이길 바라는지, 아니면 분위기만 조성하면 될 것인지, 주된 디자인 방향을 명확히 결정하도록 한다. 거실을 몇몇 가족이 함께 사용하는 경우라면, 중성색으로 된 배경에 모든 사람이 공통적으로 선호하는 색을 악센트로 사용하는 것도 좋은 방법이다. 휴식이나 안정을 위한 거실이라면 평화로운 톤으로 장식할 필요가 있다. 파란색은 이런 목적을 위한 최상의 색이다. 그러나 파란색의 모든 색조가 적절한 것은 아니다. 시간이 지날수록 밝은 회색조의 파란색은 너무 차가운 느낌을 주고, 어두운 파란색은 긴장감을 준다. 온화하고 산뜻한 이미지를 원한다면 탁색인 베이지색, 갈색, 회색의 융단이나 안정된 바닥재 등을 기조색으로 이용한다. 연한 분홍색, 복숭아색, 베이지색, 라벤더색, 그리고 보라색 또한 긴장을 완화시키고 산뜻한 분위기를 연출해 줄 수 있는 색상이다. 그러나 이곳에 회색을 단독으로 사용하지 않도록 하며, 어두운 초록색 톤을 사용하는 것도 그다지 추천할 만한 것이 못된다.

2.6 침실

거실처럼 휴식이나 안정이 주된 기능인 침실에 노란색과 빨간색은 너무 자극적이므로 적합하지 않다. 이렇게 침실에 순색을 많이 사용하면 기분이 안정되지 못하는 반면, 긴장을 완화하고 행동을 이완시키는 청록색 계통은 침실의 기조색으로 사용하기에 좋다. 북향으로 위치한 어두운 방인 경우에는 분홍색이나 크림색의 난색계가 바람직하고 중년부부의 침실 벽은 보라색 계통의 색을 사용하는 것이 적당하다. 사실 침실은 주도적인 톤이 오로지 벽에 의해 정의되지 않기 때문에 색을 실험할 수 있는 좋은 공간이다. 이를테면, 침구류와 커튼을 통해 새로운 색채계획을 쉽게 시도해 볼 수 있다. 베드시트나 퀼트는 항상 같은 색일 필요는 없다. 색을 몇 번 바꾸어 보면 우리를 편안하게 하고 긴장을 풀어주는 색이 어떤 것이고 우리의 선호색이 무엇인지 발견할 수 있을 것이다.

파란색은 휴식이나 안정을 목적으로 한 공간에 최상의 색이다.

침실은 침구류와 커튼을 통해 새로운 색채계획을 쉽게 시도할 수 있다.

· 아동실

아동들은 개인적인 기질이나 성장단계에 따라 어떤 색을 좋아하기도 하고 싫어하기도 한다. 차분한 느낌을 주는 녹색은 춥고 어두운 방에 사용하면 차가운 느낌을 더해 줄 수 있다. 따라서 녹색을 사용해야 한다면 반드시 부드럽고 연한 색조이어야 한다. 파란색은 활동력이 강한 아이에게는 좋은 색이지만 차분한 느낌을 주는 녹색처럼 정서적으로나 육체적으로 그다지 안정감을 주지는 못할 것이다. 이 경우에는 따뜻한 색을 가진 가구나 소품을 함께 배치하는 것이 좋다. 분홍색, 살구색, 연한 아몬드 화이트와 라벤더색은 모든 아이들에게 사랑받고 있는 색들로서 안정된 느낌을 들게 한다. 아동실은 필요에 따라 침실뿐만 아니라 학습하는 용도로도 사용될 것이다. 여러 가지 색조의 청록색은 침실과 공부방으로 동시에 사용되는 공간에 잘 어울린다. 자녀가 선명한 색으로 된 방을 가지고 있다면 그 방의 한 쪽에 조용한 부분을 만들어 줄 수도 있다. 노란색조의 크림색은 정신적인 면에서 부드러움을 주고, 논리적이고 명백한 사고를 진작시키는 동시에 아이의 마음을 안정시킨다.

· 노인실

사람은 나이가 들고 육체가 쇠약해짐에 따라 선호하는 색이 부드럽고 연한 것으로 바뀌어가는 경향이 있다. 이렇게 연한 색조에 끌리기 시작하면 색의 생기를 원 위치시켜 색채진동을 감지하는 능력이 증대될 수 있도록 할 필요가 있다. 그러나 강렬하고 밝은 색은 침착성을 잃게 하는 효과를 줄 수도 있으므로 스펙트럼에서 볼 수 있는 따뜻하고 자극적인 빨간색, 혹은 주황색을 지닌 부드러운 색조, 이를테면 복숭아색이나 살구색, 따뜻한 느낌을 주는 황갈색, 테라코타와 분홍색 같은 색조를 노인방에 사용하여 순환을 진작시키고, 스태미너 유지를 도와주도록 한다. 또한 분홍색조의 베이지색은 정서적으로는 안정감을, 그리고 정신적으로는 평화감을 갖게 해 주므로 노인방에 적합한 색이라고 할 수 있다.

2.7 작업실 및 서재

파란색 에너지를 가지고 있는 에메랄드 블루, 라일락, 라벤더색은 모두 서재에 사용하기에 적절한 색들이다. 따뜻한 분홍색의 바탕색은 적극적인 안정감과 결단력을 주는 반면에 파란색의 색조는 조용한 분위기를 조장하여 작업에 몰두하는 것을 도와준다. 이렇듯 정신에 자극을 주는 색들은 동기 부여를 유발하고 건강을 증진시키며, 생산성을 높여준다. 한편 알맞게 디자인된 휴식공간은 우리가 작업시간에 최적의 수준으로 일할 수 있도록 만들어준다. 작업실이나 서재에 흐린 갈색과 베이지색, 또는 차가운 회색과 흰색을 사용한 경우, 지루하고 우울한 분위기가 될 수 있으므로 기분전환이 될 만한 악센트 색을 함께 제공하도록 한다.

*** Design Hint**
도움이 되는 디자인 힌트

① 대부분 현관에서 보내는 시간은 매우 짧으므로 휴식공간에 사용하는 색보다 진하고 생기 있는 색을 사용하도록 한다.

② 자연광이 없고 좁은 현관에서는 밝은 톤이 잘 어울릴 뿐만 아니라 공간을 더 밝게 해 준다.

③ 노란색과 빨간색은 힘 있고 자극적이며 소화를 돕는 색으로 거실보다는 주방에 사용하기에 적합하다.

④ 소화를 도와주고 겨울에는 따뜻한 느낌을 주는 복숭아색이나 복숭아색조의 노란색은 식당에 사용할 수 있는 최적의 색이 될 수 있다.

⑤ 흰색과 파란색은 상쾌함과 청결함의 이미지로 인해 욕실의 색으로도 훌륭하다.

⑥ 대부분 거실이나 식당은 자연광을 받는 공간이므로 어두운 톤도 사용 가능하다.

⑦ 거실을 몇몇 가족구성원이 함께 사용하는 경우라면, 무채색이나 베이지색 같이 공간을 밝게 해주고 절제감 있어 보이게 하는 중성색으로 된 배경에 가족의 공통적인 선호색을 악센트로 사용한다.

⑧ 녹색과 파란색은 마음을 진정시켜 주는 색으로 침실과 거실에 잘 어울린다.

⑨ 분홍색, 살구색, 연한 아몬드 화이트와 라벤더색은 모든 아이들에게 사랑 받고 있는 색들로서 안정된 느낌을 들게 한다.

⑩ 분홍색조의 베이지색은 정서적으로는 안정감을, 그리고 정신적으로는 평화감을 갖게 해주므로 노인방에 적합한 색이라 할 수 있다.

⑪ 파란색 에너지를 가지고 있는 에메랄드 블루, 라일락, 라벤더색은 모두 서재에 사용하기에 적합한 색이다.

참고문헌

강순주 · 김상희 / 현대주거학 / 교문사 / 1997.

김정수 · 주남철 / 가정대백과사전 / 삼중당 / 1966.

김홍기 / 건축조형디자인론 / 기문당 / 2001.

마이클 콜린스 / 현대디자인의 이해 / 한영호 · 김홍기 / 기문당 / 1992.

박상호 / 색채계획(건축 · 인테리어의 색채 이론과 실제) / 도서출판 효성 / 1993.

박영순 · 오혜경 / 인테리어 디자인 / 다섯수레 / 1993.

박홍 / 주택의 인테리어 / 기문당 / 1988.

변성아 / 조선목가구대전 / Interiors / 2002.

삼성출판부 / 새바람이 분다. 개조 / 삼성출판사 / 1995.

중앙일보사 / 그래픽인테리어 / 중앙일보사 / 1991새바람이 분다.

이연숙 / 주택과 실내디자인 / 연세대학교 출판부 / 1998.

이우진 · 변량선 / 조형의 원리와 형태 실습 / 두원공과대학 교재 / 2000.

인테리어 디자인 연구회 / 인테리어 계획과 설계 / 도서출판 국제 / 1991.

웬디 W. 스테블러 / 주승범 옮김 / 주거공간 인테리어 / 도서출판 국제 / 1990.

중앙디자인연구회 편 / 인테리어 디자인의 구성 1 · 2 / 도서출판 국제 / 1997.

중앙일보사 편 / 그래픽 인테리어 / 중앙일보사 / 1990.

최준순 / 주거환경 개선을 위한 다가구주택 건축기준에 관한 연구 / 서울시립대대학원 건축공학과

한영호 외 7인 / 생활환경 개선을 위한 아파트 실내디자인 데이터베이스 구축 및 소비자기호검색 프로그램 (STSP) 개발에 관한 연구 결과보고서 / 산업자원부 한국디자인진흥원 / 2002.

한영호 / 실내디자인 구성 요소 / 형설출판사 / 2000.

황세옥 / 실내 디자인 총론 / 세진사 / 1995.

Anna Kasabian / The New Home Color Book / Rockport / 2001.

Anna Kasabien · Julie Goodman / Designing Interior with Tile Rockport / 2000.

Anna Ventura / 1000 practical ideas for home decoration / Universe Publishing / 2002.

Anoop Parikh 외 3명 / the Ultimate Home Design Source book / Cnran Octopus / 2000.

Christine Brun Abdelnour / Big Ideas for Small Spaces / Rockport / 2000.

Derek E. Ostergard / Bent wood and Metal Furniture ;1850-1946 / The American Federation of Arts, 1986.

Fay Sweet / Interior Details / Mitchell Beazley / 2002.

Fay Sweet / The Kitchen Design Planner / Ryland Peters & Small / 2002.

Frederic Schwarz / Alan Buchsbaum / The Monaceli Press / 1996.

Leslie Geddes-Brown / the Colour design file / Ryland Peters & Small / 2002.

Pergo 카달록 / 페르스톱 플로링 콜리아(주) / 2002.

Randall Whitehead / Residential Lighting / Rockport / 1993.

Sorrell K / Home Design Planner / R. P&S / 2004.

Suzy Chiazzari / 진현종 옮김 / 색 Color / 전원문화사 / 2002.

多田光雄 / Interior Palnning Document / Prot Galaxy / 1999.

저자소개

한영호

홍익대학교 미술대학 공업디자인학과 졸업
홍익대학교 산업미술대학원 졸업
헬싱키 산업미술대학교(Univ. of Industrial Arts, Helsinki) 실내건축 및 가구디자인 전공(핀란드 문교부 장학금)
대한무역투자진흥공사(KOTRA) 디자인실 근무
핀란드 아트잔(Artzan)가구회사 근무
「실내디자인 창립 기념전」외 24회 출품
「대한민국 산업디자인전」외 90회 심사위원 역임
「실내디자인의 창의적 공간구성 방법에 관한 연구」외 54편 논문 발표
(사)한국실내디자인학회 회장 역임
現 상명대학교 디자인대학 실내디자인전공 교수
(사)한국실내디자인학회 명예회장
(사)한국공간디자인학회 차기회장

저서 및 역서
「실내디자인 구성요소」, 「3D 모델로 보는 현대 의자디자인」
「현대디자인의 이해 (1851년 이후 장식 미술과 디자인)」
「건축조형과 가구디자인」, 「실내디자인의 미학」
「창의적 사무공간」, 「도시환경디자인」, 「공간디자인 이해」, 「비쥬얼 디스플레이」

이진영

상명여자대학교 디자인대학 실내디자인학과 졸업
Central St. Martin's College of Art & Design(영국, 런던) 산업디자인 석사
(주)삼익가구 개발부 근무, 진인테리어 연구팀 근무
영국의 새로운 디자이너들 전시회(New Designers, 런던, 비즈니스 디자인 센터) 외 2회 출품
인하대학교, 국민대학교, 상명대학교, 한국전통문화학교 강사 역임
現 전주대학교 디자인학부 산업디자인전공 교수
한국공간디자인학회 논문편집위원
한국실내디자인학회 정회원
한국디자인학회 정회원
전주시 건축위원회 위원, 전주시 경관위원회 위원

논문
「다목적 공간으로서의 예배당 활용에 관한 연구」 외 6편

전시
「Open it」, 「Show it」 디자인프로젝트 개인전 2회

주거공간 디자인의 이론과 실제

2004년 6월 15일 1판 1쇄 발행
2009년 2월 25일 2판 1쇄 발행

지 은 이 | 한영호 · 이진영
발 행 인 | 강해작
발 행 처 | 기문당
주 소 | 서울시 성동구 공명길 39 (하왕십리동 966-22)
전 화 | 02) 2295-6171(代)~5
팩 스 | 02) 2296-8188
출판등록 | 1976. 10. 7(1-44)
홈페이지 | www.kimoondang.com
I S B N | 89-7086-614-0 93540

정 가 | 20,000원